云计算与大数据实验教材系列

Hadoop
核心技术与实验

主编 饶文碧 袁景凌 张露 熊盛武 刘荣英

武汉大学出版社

图书在版编目(CIP)数据

Hadoop核心技术与实验/饶文碧等主编. —武汉：武汉大学出版社，2017.4

云计算与大数据实验教材系列

ISBN 978-7-307-12840-8

Ⅰ.H… Ⅱ.饶… Ⅲ.数据处理软件—高等学校—教材 Ⅳ.TP274

中国版本图书馆 CIP 数据核字(2017)第 025309 号

责任编辑：张 欣　　责任校对：李孟潇　　版式设计：马 佳

出版发行：武汉大学出版社　(430072 武昌 珞珈山)
（电子邮件：cbs22@whu.edu.cn 网址：www.wdp.com.cn）
印刷：湖北恒泰印务有限公司
开本：787×1092　1/16　印张：14.75　字数：348千字　插页：1
版次：2017年4月第1版　2017年4月第1次印刷
ISBN 978-7-307-12840-8　定价：36.00元

版权所有，不得翻印；凡购我社的图书，如有质量问题，请与当地图书销售部门联系调换。

前　言

　　Hadoop 是 Apache 软件基金会旗下的一个开源分布式计算平台，以 Hadoop 分布式文件系统 HDFS 和 MapReduce 为核心的 Hadoop 为用户提供了系统底层细节透明的分布式基础架构，用户可以在不了解分布式底层细节的情况下，开发分布式程序，充分利用集群的威力进行高速运算和存储。Hadoop 设计之初的目标定位于高可靠性、高可拓展性、高容错性和高效性，正是这些设计上与生俱来的优点，才使得 Hadoop 一出现就受到众多大公司的青睐，同时也引起了研究界的普遍关注。到目前为止，Hadoop 技术在互联网领域已经得到了广泛的运用，越来越多的企业将 Hadoop 技术作为进入大数据领域的必备技术。

　　本书目的：

　　由于 Hadoop 拥有可计量、成本低、高效、可信等突出特点，基于 Hadoop 的应用已经遍地开花，尤其是在互联网领域。本书目的在于帮助初学者和有一定 Hadoop 基础但是缺乏实践经验的读者理解 Hadoop，并用它解决大数据问题。

　　本书针对初学者既需要系统地了解 Hadoop 整个技术体系，又需要通过实践掌握研发的关键技术的特点，在撰写上采用了理论与案例相结合的方式，在对 Hadoop 技术体系进行较为全面的描述基础上，还为主要知识点设计了经典的小案例，易于理解，可操作性强。

　　本书内容：

　　第 1 章：Hadoop 基础，主要内容包括 Hadoop 简介、Hadoop 的安装与配置和 Hadoop 的常用插件。

　　第 2 章：MapReduce 开发，主要内容包括 MapReduce 计算模型、如何在 Hadoop 中开发 MapReduce 的应用程序、MapReduce 应用案例和 MapReduce 工作机制。

　　第 3 章：Hadoop 进阶，主要内容包括 Hadoop I/O 操作、Hadoop 集群管理和下一代 Hadoop MapReduce 框架的设计细节。

　　第 4 章：Hadoop 实战，通过两个经典案例的剖析让读者深入了解开发 Hadoop 程序的步骤和思路。

　　本书特点：

　　本书知识点的讲解都配有相应的案例，以加深读者的理解；书中案例值得借鉴，还保留了部分源码，初学者可以根据这些案例动手实践。

　　本书目标读者：

　　本书理论知识与项目实战相结合，适合 Hadoop 初学者和有一定 Hadoop 基础但是缺乏实践经验的读者阅读,也适合作为高等院校相关课程的教学参考书。

本书由饶文碧、袁景凌、张露、熊盛武、刘荣英撰写,江泉、谭永强、李梦璇硕士参与了实验调试及相关文档的撰写。

编 者

2017 年 1 月

目　　录

第1章　Hadoop 基础 ··· 1
1.1　Hadoop 简介 ··· 1
1.1.1　Hadoop 概述 ··· 1
1.1.2　Hadoop 项目及其结构 ··· 3
1.1.3　Hadoop 体系结构 ··· 5
1.1.4　Hadoop 数据管理 ··· 7
1.1.5　Hadoop 分布式开发 ·· 8
1.1.6　Hadoop 计算模型-MapReduce ·· 11
1.1.7　Hadoop 集群安全策略 ··· 11
1.2　Hadoop 的安装与配置 ·· 13
1.2.1　在 Linux 上安装与配置 Hadoop ·· 14
1.2.2　在 Windows 上安装与配置 Hadoop ·· 20
1.2.3　安装和配置 Hadoop 集群 ··· 26
1.3　Hadoop 的常用插件与开发 ·· 40
1.3.1　Hadoop Eclipse 的安装环境 ··· 40
1.3.2　Hadoop Eclipse 的编译步骤 ··· 40
1.3.3　Hadoop Eclipse 的安装步骤 ··· 44
1.3.4　Hadoop Eclipse 的使用举例 ··· 46
1.4　思考题 ·· 47

第2章　MapReduce 开发 ·· 49
2.1　MapReduce 计算模型 ··· 49
2.1.1　MapReduce 计算模型 ·· 49
2.1.2　MapReduce 任务的优化 ··· 62
2.1.3　Hadoop 流 ·· 64
2.1.4　Hadoop Pipes ··· 71
2.2　开发 MapReduce 应用程序 ·· 75
2.2.1　系统参数的配置 ··· 75
2.2.2　配置开发环境 ·· 77
2.2.3　编写 MapReduce 程序 ··· 78
2.2.4　本地测试 ·· 82

2.2.5　网络用户界面 …………………………………………………… 83
　　2.2.6　性能调优 ………………………………………………………… 86
　　2.2.7　MapReduce 工作流 ……………………………………………… 90
2.3　MapReduce 应用案例 ……………………………………………………… 95
　　2.3.1　单词计数 ………………………………………………………… 96
　　2.3.2　数据去重 ………………………………………………………… 103
　　2.3.3　排序 ……………………………………………………………… 106
　　2.3.4　单表关联 ………………………………………………………… 110
　　2.3.5　多表关联 ………………………………………………………… 114
2.4　MapReduce 工作机制 ……………………………………………………… 119
　　2.4.1　MapReduce 作业的执行流程 …………………………………… 119
　　2.4.2　错误处理机制 …………………………………………………… 128
　　2.4.3　作业调度机制 …………………………………………………… 129
　　2.4.4　Shuffle 和排序 …………………………………………………… 130
　　2.4.5　任务执行 ………………………………………………………… 134
2.5　思考题 ……………………………………………………………………… 137

第3章　Hadoop 进阶 ……………………………………………………………… 138
3.1　Hadoop I/O 操作 …………………………………………………………… 138
　　3.1.1　I/O 操作中的数据检查 …………………………………………… 138
　　3.1.2　数据的压缩 ……………………………………………………… 146
　　3.1.3　数据的 I/O 序列化操作 ………………………………………… 148
　　3.1.4　针对 Mapreduce 的文件类 ……………………………………… 162
3.2　Hadoop 的管理 ……………………………………………………………… 174
　　3.2.1　HDFS 文件结构 ………………………………………………… 174
　　3.2.2　Hadoop 的状态监视和管理工具 ………………………………… 178
　　3.2.3　Hadoop 集群的维护 ……………………………………………… 196
3.3　下一代 MapReduce：YARN ……………………………………………… 202
　　3.3.1　MapReduce V2 设计需求 ……………………………………… 202
　　3.3.2　MapReduce V2 主要思想和架构 ……………………………… 203
　　3.3.3　MapReduce V2 设计细节 ……………………………………… 205
　　3.3.4　MapReduce V2 优势 …………………………………………… 208
3.4　思考题 ……………………………………………………………………… 209

第4章　Hadoop 实战 ……………………………………………………………… 210
4.1　实战一　MapReduce 实现推荐系统 ……………………………………… 210
　　4.1.1　作业描述 ………………………………………………………… 210
　　4.1.2　作业分析 ………………………………………………………… 210

4.1.3　程序代码 ··· 213
　　4.1.4　准备输入数据 ·· 221
　　4.1.5　运行程序 ··· 221
　　4.1.6　代码结果 ··· 221
4.2　实战二　使用 MapReduce 求每年最低温度 ································ 223
　　4.2.1　作业描述 ··· 223
　　4.2.2　程序代码 ··· 223
　　4.2.3　准备输入数据 ·· 225
　　4.2.4　运行程序 ··· 226
　　4.2.5　代码结果 ··· 226

参考文献 ·· 227

第 1 章 Hadoop 基础

1.1 Hadoop 简介

1.1.1 Hadoop 概述

Hadoop 是 Apache 软件基金会旗下的一个开源分布式计算平台，以 Hadoop 分布式文件系统(Hadoop Distributed File System，HDFS)和 MapReduce(Google MapReduce 的开源实现)为核心的 Hadoop 为用户提供了系统底层细节透明的分布式基础架构。HDFS 的高容错性、高伸缩性等优点允许用户将 Hadoop 部署在低廉的硬件上，形成分布式系统；MapReduce 分布式编程模型允许用户在不了解分布式系统底层细节的情况下开发并行应用程序。所以用户可以利用 Hadoop 轻松地组织计算机资源，从而搭建自己的分布式计算平台，并且可以充分利用集群的计算和存储能力，完成海量数据的处理。经过业界和学术界长达十余年的锤炼，目前的 Hadoop 2.7.3 已经趋于完善，在实际的数据处理和分析任务中担当着不可替代的角色。

(1) Hadoop 的历史

Hadoop 起源于 Apache Nutch 项目，始于 2002 年，是 Apache Lucene 的子项目之一。2004 年，Google 在"操作系统设计与实现"(Operating System Design and Implementation，OSDI)会议上公开发表了题为 MapReduce：Simplified Data Processing on Large Clusters (MapReduce：简化大规模集群上的数据处理)的论文之后，受到启发的 Doug Cutting 等人开始尝试实现 MapReduce 计算框架，并将它与 NDFS(Nutch Distributed File System)结合，用以支持 Nutch 引擎的主要算法。由于 NDFS 和 MapReduce 在 Nutch 引擎中有着良好的应用，所以它们于 2006 年 2 月被分离出来，成为一套完整而独立的软件，并被命名为 Hadoop。到了 2008 年年初，hadoop 已成为 Apache 的顶级项目，包含众多子项目，被应用到包括 Yahoo！在内的很多互联网公司。现在的 Hadoop 2.7.3 版本已经发展成为包含 HDFS、MapReduce 子项目，与 Pig、ZooKeeper、Hive、HBase 等项目相关的大型应用工程。

(2) Hadoop 的功能与作用

众所周知，现代社会信息增长速度很快，这些信息中又积累着大量数据，其中包括个人数据和工业数据。预计到 2020 年，每年产生的数字信息中将会有超过 1/3 的内容驻留在云平台或借助云平台处理。我们需要对这些数据进行分析处理，以获取更多有价值的信息。那么我们如何高效地存储管理这些数据、如何分析这些数据呢？这时可以选用

Hadoop 系统。在处理这类问题时,它采用分布式存储方式来提高读写速度和扩大存储容量;采用 MapReduce 整合分布式文件系统上的数据,保证高速分析处理数据;与此同时还采用存储冗余数据来保证数据的安全性。

Hadoop 中的 HDFS 具有高容错性,并且是基于 Java 语言开发的,这使得 Hadoop 可以部署在低廉的计算机集群中,同时不限于某个操作系统。Hadoop 中 HDFS 的数据管理能力、MapReduce 处理任务时的高效率以及它的开源特性,使其在同类分布式系统中大放异彩,并在众多行业和科研领域中被广泛应用。

(3) Hadoop 的优势

Hadoop 是一个能够让用户轻松架构和使用的分布式计算平台。用户可以轻松地在 Hadoop 上开发运行处理海量数据的应用程序。它主要有以下几个优点:

高可靠性:Hadoop 按位存储和处理数据的能力值得人们信赖。

高扩展性:Hadoop 是在可用的计算机集簇间分配数据完成计算任务的,这些集簇可以方便地扩展到数以千计的节点中。

高效性:Hadoop 能够在节点之间动态地移动数据,以保证各个节点的动态平衡,因此其处理速度非常快。

高容错性:Hadoop 能够自动保存数据的多份副本,并且能够自动将失败的任务重新分配。

(4) Hadoop 应用现状和发展趋势

由于 Hadoop 优势突出,基于 Hadoop 的应用已经遍地开花,尤其是在互联网领域。Yahoo! 通过集群运行 Hadoop,用于支持广告系统和 Web 搜索的研究;Facebook 借助集群运行 Hadoop 来支持其数据分析和机器学习;搜索引擎公司百度则使用 Hadoop 进行搜索日志分析和网页数据挖掘工作;淘宝的 Hadoop 系统用于存储并处理电子商务交易的相关数据;中国移动研究院基于 Hadoop 的"大云"(BigCloud)系统对数据进行分析并对外提供服务。

2008 年 2 月,作为 Hadoop 最大贡献者的 Yahoo! 构建了当时最大规模的 Hadoop 应用,在 2000 个节点上面执行了超过 1 万个 Hadoop 虚拟机器来处理超过 5PB 的网页内容,分析大约 1 兆个网络连接之间的网页索引资料。这些网页索引资料压缩后超过 300TB。Yahoo! 正是基于这些为用户提供了高质量的搜索服务。

Hadoop 开源社区于 2011 年 10 月推出了基于新一代构架的 Hadoop0.23.0 测试版,该版本后演化为 Hadoop2.0 版本,即新一代的 Hadoop 系统 YARN。YARN 构架将主控节点的资源管理和作业管理功能分离设置,引入了全局资源管理器(Resource Manager)和针对每个作业的应用主控管理器(Application Master),以此减轻原主控节点的负担,并可基于 Zookeeper 实现资源管理器的失效恢复,以此提高了 Hadoop 系统的高可用性(High Availability,HA)。YARN 还引入了资源容器(Resource Container)的概念,将系统计算资源统一划分和封装为很多资源单元,以此提高计算资源的利用率。此外,YARN 还能容纳 MapReduce 以外的其他多种并行计算模型和框架,提高了 Hadoop 框架并行化编程的灵活性。

Hadoop 目前已经取得了非常突出的成绩。随着互联网的发展,新的业务模式还将不断涌现，Hadoop 的应用也会从互联网领域向电信、电子商务、银行、生物制药等领域拓展。相信在未来，Hadoop 将会在更多的领域中扮演幕后英雄，为我们提供更加快捷优质的服务。

1.1.2 Hadoop 项目及其结构

现在 Hadoop 已经发展成为包含很多项目的集合。虽然其核心内容是 MapReduce 和 Hadoop 分布式文件系统，但与 Hadoop 相关的 Common、Avro、Chukwa、Hive、HBase 等项目也是不可或缺的。它们提供了互补性服务或在核心层上提供了更高层的服务。图 1.1.1 是 Hadoop 的项目结构图。

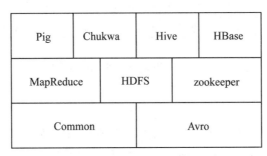

图 1.1.1　Hadoop 的项目结构图

下面将对 Hadoop 的各个关联项目进行更详细的介绍。

(1) Common

Common 是为 Hadoop 其他子项目提供支持的常用工具，它主要包括 FileSystem、RPC 和串行化库。它们为在廉价硬件上搭建云计算环境提供基本的服务，并且会为运行在该平台上的软件开发提供所需的 API。

(2) Avro

Avro 是用于数据序列化的系统。它提供了丰富的数据结构类型、快速可压缩的二进制数据格式、存储持久性数据的文件集、远程调用 RPC 的功能和简单的动态语言集成功能。其中代码生成器既不需要读写文件数据，也不需要使用或实现 RPC 协议，它只是一个可选的对静态类型语言的实现。

Avro 系统依赖于模式(Shcema)，数据的读和写是在模式之下完成的。这样可以减少写入数据的开销，提高序列化的速度并缩减其大小；同时，也可以方便动态脚本语言的使用，因为数据连同其模式都是自描述的。

在 RPC 中，Avro 系统的客户端和服务端通过握手协议进行模式的交换，因此当客户端和服务端拥有彼此全部的模式时，不同模式下相同命名字段、丢失字段和附加字段等信息的一致性问题就得到了很好的解决。

(3) MapReduce

MapReduce 是一种编程模式，用于大规模数据集(大于 1TB)的并行运算。映射(Map)、化简(Reduce)的概念和它们的主要思想都是从函数式编程语言中借鉴而来的。

它极大地方便了编程人员——即使在不了解分布式并行编程的情况下，也可以将自己的程序运行在分布式系统上。MapReduce 在执行时先指定一个 Map（映射）函数，把输入键值对映射成一组新的键值对，经过一定处理后交给 Reduce，Reduce 对相同 key 下的所有 value 进行处理后再输出键值对作为最终的结果。

图 1.1.2 是 MapReduce 的任务处理流程图，它展示了 MapReduce 程序将输入划分到不同的 Map 上，再将 Map 的结果合并到 Reduce，然后进行处理的输出过程。

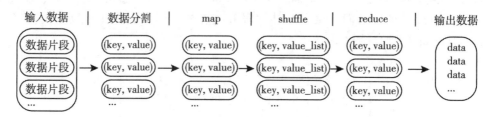

图 1.1.2　MapReduce 的任务处理流程图

（4）HDFS

HDFS 是一个分布式文件系统。因为 HDFS 具有高容错性（fault-tolerent）的特点，所以它可以设计部署在低廉（low-cost）的硬件上。它可以通过提供高吞吐率（high throughput）来访问应用程序的数据，适合那些有着超大数据集的应用程序。HDFS 放宽了对可移植操作系统接口（Portable Operating System Interface，POSIX）的要求，这样可以实现以流的形式访问文件系统中的数据。HDFS 原本是开源的 Apache 项目 Nutch 的基础结构，最后它却成为 Hadoop 基础架构之一。

以下几个方面是 HDFS 的设计目标：

检测和快速恢复硬件故障。硬件故障是计算机常见的问题。整个 HDFS 系统由数百甚至数千个存储着数据文件的服务器组成。而如此多的服务器则意味着高故障率，因此，故障的检测和快速自动恢复是 HDFS 的一个核心目标。

流式的数据访问。HDFS 使应用程序流式地访问它们的数据集。HDFS 被设计成适合进行批量处理，而不是用户交互式处理。所以它重视数据吞吐量，而不是数据访问的反应速度。

简化一致性模型。大部分的 HDFS 程序对文件的操作需要一次写入，多次读取。一个文件一旦经过创建、写入、关闭就不需要修改了。这个假设简化了数据一致性问题和高吞吐量的数据访问问题。

通信协议。所有的通信协议都是在 TCP/IP 协议之上的。一个客户端和明确配置了端口的名字节点（NameNode）建立连接之后，它和名字节点的协议便是客户端协议（Client Protocal）。数据节点（DataNode）和名字节点之间则用数据节点协议（DataNode Protocal）。

关于 HDFS 的具体介绍请参考本章 1.1.3 节。

（5）Chukwa

Chukwa 是开源的数据收集系统，用于监控和分析大型分布式系统的数据。Chukwa 是在 Hadoop 的 HDFS 和 MapReduce 框架之上搭建的，它继承了 Hadoop 的可扩展性和健壮性。Chukwa 通过 HDFS 来存储数据，并依赖 MapReduce 任务处理数据。Chukwa 中也附带了灵活且强大的工具，用于显示、监视和分析数据结果，以便更好地利用所收集的数据。

（6）Hive

Hive 最早是由 Facebook 设计的，是一个建立在 Hadoop 基础之上的数据仓库，它提供了一些用于对 Hadoop 文件中数据集进行数据整理、特殊查询和分析存储的工具。Hive 提供的是一种结构化数据的机制，它支持类似于传统 RDBMS 中的 SQL 语言的查询语言，来帮助那些熟悉 SQL 的用户查询 Hadoop 中的数据，该查询语言称为 Hive QL。与此同时，传统的 MapReduce 编程人员也可以在 Mapper 或 Reducer 中通过 Hive QL 查询数据。Hive 编译器会把 Hive QL 编译成一组 MapReduce 任务，从而方便 MapReduce 编程人员进行 Hadoop 系统开发。

（7）HBase

HBase 是一个分布式的、面向列的开源数据库，该技术来源于 Google 论文《Bigtable：一个结构化数据的分布式存储系统》。如同 Bigtable 利用了 Google 文件系统（Google File System）提供的分布式数据存储方式一样，HBase 在 Hadoop 之上提供了类似于 Bigtable 的能力。HBase 不同于一般的关系数据库，原因有两个：其一，HBase 是一个适合于非结构化数据存储的数据库；其二，HBase 是基于列而不是基于行的模式。HBase 和 Bigtable 使用相同的数据模型。用户将数据存储在一个表里，一个数据行拥有一个可选的键和任意数量的列。由于 HBase 表示疏松的，用户可以为行定义各种不同的列。HBase 主要用于需要随机访问、实时读写的大数据（Big Data）。

（8）Pig

Pig 是一个对大型数据集进行分析、评估的平台。Pig 最突出的优势是它的结构能够经受住高度并行化的检验，这个特性使得它能够处理大型的数据集。目前，Pig 的底层由一个编译器组成，它在运行的时候会产生一些 MapReduce 程序序列，Pig 的语言层由一种叫做 Pig Latin 的正文型语言组成。

（9）ZooKeeper

ZooKeeper 是一个为分布式应用所设计的开源协调服务。它主要为用户提供同步、配置管理、分组和命名等服务，减轻分布式应用程序所承担的协调任务。ZooKeeper 的文件系统使用了我们所熟悉的目录树结构。ZooKeeper 是使用 Java 编写的，但是它支持 Java 和 C 两种编程语言。

上面讨论的 9 个项目在本书中都有相应的章节进行详细的介绍。

1.1.3 Hadoop 体系结构

HDFS 和 MapReduce 是 Hadoop 的两大核心。而整个 Hadoop 的体系结构主要是通过 HDFS 来实现分布式存储的底层支持的，并且它会通过 MapReduce 来实现分布式并行任务处理的程序支持。

（1）HDFS 的体系结构

HDFS 采用了主从（Master/Slave）结构模型，一个 HDFS 集群是由一个 NameNode 和若干个 DataNode 组成的。其中 NameNode 作为主服务器，管理文件系统的命名空间和客户端对文件的访问操作；集群中的 DataNode 管理存储的数据。HDFS 允许用于以文件的形式存储数据。从内部来看，文件被分成若干个数据块，而且这若干个数据块存放在一组 DataNode 上。NameNode 执行文件系统的命名空间操作，比如打开、关闭。重命名文件或目录等，它也负责数据块到具体 DataNode 的映射。DataNode 负责处理文件系统客户端的文件读写请求，并在 NameNode 的统一调度下进行数据块的创建、删除和复制工作。如图 1.1.3 所示为 HDFS 的体系结构。

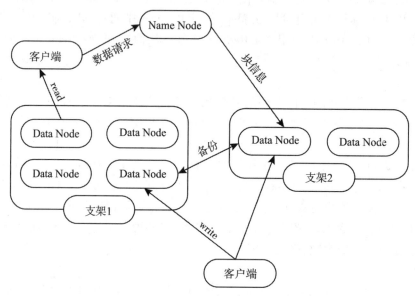

图 1.1.3　HDFS 的体系结构

NameNode 和 DataNode 都可以在普通商用计算机上运行。这些计算机通常运行的是 GNU/Linux 操作系统。HDFS 采用 Java 语言开发，因此任何支持 Java 的机器都可以部署 NameNode 和 DataNode。一个典型的部署场景是集群中的一台机器运行一个 NameNode 实例，其他机器分别运行一个 DataNode 实例。当然，并不排除一台机器运行多个 DataNode 实例的情况。集群中单一 NameNode 的设计大大简化了系统的架构。NameNode 是所有 HDFS 元数据的管理者，用户需要保存的数据不会经过 NameNode，而是直接流向存储数据的 DataNode。

（2）MapReduce 的体系结构

MapReduce 是一种并行编程模式，利用这种模式软件开发者可以轻松地编写出分布式并行程序。在 Hadoop 的体系结构中，MapReduce 是一个简单易用的软件框架，基于它可以将任务分发到由上千台商用机器组成的集群上，并以一种可靠容错的方式并行处理大量的数据集，实现 Hadoop 的并行任务处理功能。MapReduce 框架是由一个单独运行在主节点的 JobTracker 和运行在每个集群从节点的 TaskTracker 共同组成的。主节点负责调度构成一个作业的所有任务，这些任务分布在不同的从节点上。主节点监控它们的执行情况，并且重新执行之前失败的任务；从节点仅负责由主节点指派的任务。当一个 Job 被提交时，JobTracker 接收到提交作业和其配置信息之后，就会将配置信息等分发给从节点，同时调度任务并监控 TaskTracker 的执行。

从上面的介绍可以看出，HDFS 和 MapReduce 共同组成了 Hadoop 分布式系统体系结构的核心。HDFS 在集群上实现了分布式文件系统，MapReduce 在集群上实现了分布式计算和任务处理。HDFS 在 MapReduce 任务处理过程中提供了对文件操作和存储等的支持，MapReduce 在 HDFS 的基础上实现了任务的分发、跟踪、执行等工作，并收集结果，二者相互作用，完成了 Hadoop 分布式集群的主要任务。

1.1.4 Hadoop 数据管理

前面重点介绍了 Hadoop 及其体系结构与计算模型 MapReduce，现在开始介绍 Hadoop 的数据管理。

HDFS 是分布式计算的存储基石，Hadoop 分布式文件系统和其他分布式文件系统有很多类似的特性：对于整个集群有单一的命名空间；具有数据一致性，都适合一次写入多次读取的模型，客户端在文件没有被成功创建之前是无法看到文件存在的；文件会被分割成多个文件块，每个文件快被分配存储到数据节点上，而且会根据配置由复制文件块来保证数据的安全性。

通过前面的介绍和图 1.1.3 可以看出，HDFS 通过三个重要的角色来进行文件系统的管理：NameNode、DataNode 和 Client。NameNode 可以看做是分布式文件系统中的管理者，主要负责管理文件系统的命名空间、集群配置信息和存储块的复制等。NameNode 会将文件系统的 Metadata 存储在内存中，这些信息主要包括文件信息、每一个文件对应的文件块的信息和每一个文件块在 DataNode 中的信息等。DataNode 是文件存储的基本单元，它将文件块(Block)存储在本地文件系统中，保存了所有 Block 的 Metadata，同时周期性地将所有存在的 Block 信息发送给 NameNode。Cilent 就是需要获取分布式文件系统文件的应用程序。接下来通过三个具体的操作来说明 HDFS 对数据的管理。

(1) 文件写入
- Client 向 NameNode 发起文件写入的请求。
- NameNode 根据文件大小和文件块配置情况，返回给 Client 所管理的 DataNode 的信息。
- Client 将文件划分为多个 Block，根据 DataNode 的地址信息，按顺序将其写入到每一个 DataNode 块中。

(2) 文件读取
- Client 向 NameNode 发起文件读取的请求。
- NameNode 返回文件存储的 DataNode 信息。
- Client 读取文件信息。

(3) 文件块(Block)复制
- NameNode 发现部分文件的 Block 不符合最小复制数这一要求或部分 DataNode 失效。

- 通知 DataNode 相互复制 Block。
- DataNode 开始直接相互复制。

作为分布式文件系统，HDFS 在数据管理方面还有值得借鉴的几个功能：

文件块（Block）的放置：一个 Block 会有三份备份，一份放在 NameNode 指定的 DataNode 上，另一份放在与指定 DataNode 不在同一台机器上的 DataNode 上，最后一份放在与指定 DataNode 同一 Rack 的 DataNode 上。备份的目的是为了数据安全，采用这种配置方式主要是考虑同一 Rack 失败的情况，以及不同 Rack 之间进行数据复制会带来的性能问题。

心跳检测：用心跳检测 DataNode 的健康状况，如果发现问题就采取数据备份的方式来保证数据的安全性。

数据复制（场景为 DataNode 失败、需要平衡 DataNode 的存储利用率和平衡 DataNode 数据交互压力等情况）：使用 Hadoop 时可以用 HDFS 的 balancer 命令配置 Threshold 来平衡每一个 DataNode 的磁盘利用率。假设设置 Threshold 为 10%，那么执行 balancer 命令时，首先会统计所有 DataNode 的磁盘利用率的平均值，然后判断如果某一个 DataNode 的磁盘利用率超过这个平均值，那么将会把这个 DataNode 的 Block 转移到磁盘利用率低的 DataNode 上，这对于新节点的加入十分有用。

数据校验：采用 CRC32 做数据校验。在写入文件块的时候，除了会写入数据外还会写入校验信息，在读取的时候则需要先校验后读入。

单个 NameNode：如果单个 NameNode 失败，任务处理信息将会记录在本地文件系统和远端的文件系统中。

数据管道性的写入：当客户端要写入文件到 DataNode 上时，首先会读取一个 Block，然后将其写到第一个 DataNode 上，接着由第一个 DataNode 将其传递到备份的 DataNode 上，直到所有需要写入这个 Block 的 DataNode 都成功写入后，客户端才会开始写下一个 Block。

安全模式：分布式文件系统启动时会进入安全模式（系统运行期间也可以通过命令进入安全模式），当分布式文件系统处于安全模式时，文件系统中的内容不允许修改也不允许删除，直到安全模式结束。安全模式主要是为了在系统启动的时候检查各个 DataNode 上数据块的有效性，同时根据策略进行必要的复制或删除部分数据块。在实际操作过程中，如果在系统启动时修改和删除文件会出现安全模式不允许修改的错误提示，只需要等待一会儿即可。

1.1.5 Hadoop 分布式开发

我们通常所说的分布式系统其实是分布式软件系统，即支持分布式处理的软件系统。它是在通信网络互联的多处理机体系结构上执行任务的系统，包括分布式操作系统、分布式程序设计语言及其编译（解释）系统、分布式文件系统和分布式数据库系统等。Hadoop 是分布式软件系统中文件系统层的软件，它实现了分布式文件系统和部分分布式数据库系统的功能。Hadoop 中的分布式文件系统 HDFS 能够实现数据在计算机集群组成的云上高效的存储和管理，Hadoop 中的并行编程框架 MapReduce 能够让用户编写的 Hadoop 并行应用程序运行得以简化。下面简单介绍一下基于 Hadoop 进行分布式并发编程的相关知识，详细的介绍请参看后面有关 MapReduce 编程的章节。

Hadoop 上并行应用程序的开发是基于 MapReduce 编程模型的。MapReduce 编程模型的原理是：利用一个输入的 key/value 对集合来产生一个输出的 key/value 对集合。MapReduce 库的用户用两个函数来表达这个计算：Map 和 Reduce。

用户自定义的 Map 函数接收一个输入的 key/value 对，然后产生一个中间 key/value 对的集合。MapReduce 把所有具有相同 key 值的 value 集合在一起，然后传递给 Reduce 函数。

用户自定义的 Reduce 函数接收 key 和相关 value 集合。Reduce 函数合并这些 value 值，形成一个较小的 value 集合。一般来说，每次调用 Reduce 函数只产生 0 或 1 个输出的 value 值。通常我们通过一个迭代器把中间 value 值提供给 Reduce 函数，这样就可以处理无法全部放入内存中的大量的 value 值集合了。

图 1.1.4 是 MapReduce 的数据流图。体现 MapReduce 处理大数据集的过程。简而言之，这个过程就是将大数据集分解为成百上千个小数据集，每个（或若干个）数据集分别由集群中的一个节点（一般就是一台普通的计算机）进行处理并生成中间结果，然后这些中间结果又由大量的节点合并，形成最终结果。图 1.1.4 也说明了 MapReduce 框架下并行程序中的两个主要函数：Map、Reduce。在这个结构中，用户需要完成的工作是根据任务编写 Map 和 Reduce 两个函数。

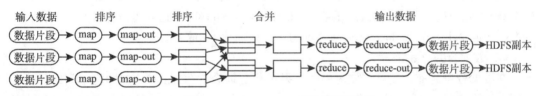

图 1.1.4 MapReduce 的数据流图

MapReduce 计算模型非常适合在大量计算机组成的大规模集群上并行运行。图 1.1.4 中的每一个 Map 任务和每一个 Reduce 任务均可以同时运行于一个单独的计算节点上，其运算效率很高，下面将简单介绍一下其并行计算原理。

（1）数据分布存储

Hadoop 分布式文件系统（HDFS）由一个名字节点（NameNode）和多个数据节点（DataNode）组成，每个节点都是一台普通的计算机。在使用方式上 HDFS 与我们熟悉的单机文件系统非常类似，利用它可以创建目录，创建、复制、删除文件，并且可以查看文件内容等。但文件在 HDFS 底层被切割成了 Block，这些 Block 分散地存储在不同的 DataNode 上，每个 Block 还可以复制数份数据存储在不同的 DataNode 上，达到容错容灾的目的。NameNode 则是整个 HDFS 的核心，它通过维护一些数据结构来记录每一个文件被切割成了多少个 Block，这些 Block 可以从哪些 DataNode 中获得，以及各个 DataNode 的状态等重要信息。

（2）分布式并行计算

Hadoop 中有一个作为主控的 JobTracker，用于调度和管理其他的 TaskTracker。JobTracker 可以运行于集群中的任意一台计算机上；TaskTracker 则负责执行任务，它必须运行于 DataNode 上，也就是说 DataNode 既是数据存储节点，也是计算节点。JobTracker 将 Map 任务和 Reduce 任务分发给空闲的 TaskTracker，让这些任务并行运行，并负责监控任务的运行情况。如果某一个 TaskTracker 出了故障，JobTracker 会将其负责的任务转交给另一个空闲的 TaskTracker 重新运行。

(3) 本地计算

数据存储在哪一台计算机上，就由哪台计算机进行这部分数据的计算，这样可以减少数据在网络上的传输，降低对网络带宽的需求。在 Hadoop 这类基于集群的分布式并行系统中，计算节点可以很方便地扩充，因此它所能够提供的计算能力近乎无限。但是数据需要在不同的计算机之间流动，故而网络带宽变成了瓶颈。"本地计算"是一种最有效的节约网络带宽的手段，业界将此形容为"移动计算比移动数据更经济"。

(4) 任务粒度

在把原始大数据集切割成小数据集时，通常让小数据集小于或等于 HDFS 中一个 Block 的大小(默认是 64MB)，这样能够保证一个小数据集是位于一台计算机上的，便于本地计算。假设有 M 个小数据集待处理，就启动 M 个 Map 任务，注意这 M 个 Map 任务分布于 N 台计算机上，它们将并行运行，Reduce 任务的数量 R 则可由用户指定。

(5) 数据分割(Partition)

把 Map 任务输出的中间结果按 key 的范围划分成 R 份(R 是预先定义的 Reduce 任务的个数)，划分时通常使用 Hash 函数(如 hash(key) mod R)，这样可以保证某一段范围内的 key 一定是由一个 Reduce 任务来处理的，可以简化 Reduce 的过程。

(6) 数据合并(Combine)

在数据分割之前，还可以先对中间结果进行数据合并(Combine)，即将中间结果中有相同 key 的<key, value>对合并成一对。Combine 的过程与 Reduce 的过程类似，在很多情况下可以直接使用 Reduce 函数，但 Combine 是作为 Map 任务的一部分、在执行完 Map 函数后紧接着执行的。Combine 能够减少中间结果中<key, value>对的数目，从而降低网络流量。

(7) Reduce

Map 任务的中间结果在执行完 Combine 和 Partition 之后，以文件形式存储于本地磁盘上。中间结果文件的位置会通知主控 JobTracker，JobTracker 再通知 Reduce 任务到哪一个 TaskTracker 上去取中间结果。注意，所有的 Map 任务产生的中间结果均按其 key 值通过同一个 Hash 函数划分成了 R 份，R 个 Reduce 任务各自负责一段 key 区间。每个 Reduce 需要向许多个 Map 任务节点取得落在其负责的 key 区间内的中间结果，然后执行 Reduce 函数，形成一个最终的结果文件。

(8) 任务管道

有 R 个 Reduce 任务，就会有 R 个最终结果。很多情况下这 R 个最终结果并不需要合并成一个最终结果，因为这 R 个最终结果又可以作为另一个计算任务的输入，开始另一个并行计算任务，这也就形成了任务管道。

这里简要介绍了在并行编程方面 Hadoop 中 MapReduce 编程模型的原理、流程、程序结构和并行计算的实现，MapReduce 程序的详细流程、编程接口、程序实例等请参见后面的章节。

1.1.6 Hadoop 计算模型-MapReduce

MapReduce 是 Google 公司的核心计算模型，它将运行于大规模集群上的复杂的并行计算过程高度地抽象为两个函数：Map 和 Reduce。Hadoop 是 Doug Cutting 受到 Google 发表的关于 MapReduce 的论文启发而开发出来的。Hadoop 中 MapReduce 是一个使用简单的软件框架，基于它写出来的应用程序能够运行在由上千台商用机器组成的大型集群上，并以一个可靠容错的方式并行处理上 T 级别的数据集，实现了 Hadoop 在集群上的数据和任务的并行计算与处理。

一个 MapReduce 作业（Job）通常会把输入的数据集切分为若干独立的数据块，由 Map 任务（Task）以完全并行的方式处理它们。框架会先对 Map 的输出进行排序，然后把结果输入给 Reduce 任务。通常作业的输入和输出都会被存储在文件系统中。整个框架负责任务的调度和监控，以及重新执行已经失败的任务。

通常，Map/Reduce 框架和分布式文件系统是运行在一组相同的节点上的，也就是说，计算节点和存储节点在一起。这种配置允许框架在那些已经存好数据的节点上高效地调度任务，这样可以使整个集群的网络带宽得到非常高效的利用。

Map/Reduce 框架由一个单独的 Master JobTracker 和集群节点上的 Slave TaskTracker 共同组成。Master 负责调度构成一个作业的所有任务，这些任务分布在不同的 slave 上。Master 监控它们的执行情况，并重新执行已经失败的任务，而 Slave 仅负责执行由 Master 指派的任务。

在 Hadoop 上运行的作业需要指明程序的输入/输出位置（路径），并通过实现合适的接口或抽象类提供 Map 和 Reduce 函数。同时还需要指定作业的其他参数，构成作业配置（Job Configuration）。在 Hadoop 的 JobClient 提交作业（JAR 包/可执行程序等）和配置信息给 JobTracker 之后，JobTracker 会负责分发这些软件和配置信息给 slave 及调度任务，并监控它们的执行，同时提供状态和诊断信息给 JobClient。

1.1.7 Hadoop 集群安全策略

众所周知，Hadoop 的优势在于其能够将廉价的普通 PC 组织成能够高效稳定处理事务的大型集群，企业正是利用这一特点来构架 Hadoop 集群、获取海量数据的高效处理能力的。但是，Hadoop 集群搭建起来后如何保证它安全稳定地运行呢？旧版本的 Hadoop 中没有完善的安全策略，导致 Hadoop 集群面临很多风险，例如，用户可以以任何身份访问 HDFS 或 MapReduce 集群，可以在 Hadoop 集群上运行自己的代码来冒充 Hadoop 集群的服务，任何未被授权的用户都可以访问 DataNode 节点的数据块等。经过 Hadoop 安全小组的努力，在 Hadoop 1.0.0 版本中已经加入最新的安全机制和授权机制（Simple 和 Kerberos），使 Hadoop 集群更加安全和稳定。下面从用户权限管理、HDFS 安全策略和 MapReduce 安全策略三个方面简要介绍 Hadoop 的集群安全策略。有关安全方面的基础知识如 Kerberos

认证等读者可自行查阅相关资料。

(1) 用户权限管理

Hadoop 上的用户权限管理主要涉及用户分组管理，为更高层的 HDFS 访问、服务访问、Job 提交和配置 Job 等操作提供认证和控制基础。

Hadoop 上的用户和用户组名均有用户自己指定，如果用户没有指定，那么 Hadoop 会调用 Linux 的"whoami"命令获取当前 Linux 系统的用户名和用户组名作为当前用户的对应名，并将其保存在 Job 的 user.name 和 group.name 两个属性中。这样用户所提交 Job 的后续认证和授权以及集群服务的访问都将基于此用户和用户组的权限及认证信息进行。例如，在用户提交 Job 到 JobTracker 时，JobTracker 会读取保存在 Job 路径下的用户信息并进行认证，在认证成功并获取令牌之后，JobTracker 会根据用户和用户组的权限信息将 Job 提交到 Job 队列（具体细节参见本小节的 HDFS 安全策略和 MapReduce 安全策略）。

Hadoop 集群的管理员是创建和配置 Hadoop 集群的用户，它可以配置集群，使用 Kerberos 机制进行认证和授权。同时管理员可以在集群的服务（集群的服务主要包括 NameNode、DataNode、JobTracker 和 TaskTracker）授权列表中添加和更改某确定用户和用户组，系统管理员同时负责 Job 队列和队列的访问控制矩阵的创建。

(2) HDFS 安全策略

用户和 HDFS 服务之间的交互主要有两种情况：用户机和 NameNode 之间的 RPC 交互获取待通信的 DataNode 位置，客户机和 DataNode 交互传输数据块。

RPC 交互可以通过 Kerberos 或授权令牌来认证。在认证与 NameNode 的连接时，用户需要使用 Kerberos 证书来通过初试认证，获取授权令牌。授权令牌可以在后续用户 Job 与 NameNode 连接的认证中使用，而不必再次访问 Kerberos Key Server。授权令牌实际上是用户机与 NameNode 之间共享的密钥。授权令牌在不安全的网络上传输时，应给予足够的保护，防止被其他用户恶意窃取，因为获取授权令牌的任何人都可以假扮成认证用户与 NameNode 进行不安全的交互。需要注意的是，每个用户只能通过 Kerberos 认证获取唯一一个新的授权令牌。用户从 NameNode 获取授权令牌之后，需要告诉 NameNode：谁是指定的令牌更新者。指定的更新者在为用户更新令牌时应通过认证确定自己就是 NameNode。更新令牌意味着延长令牌在 NameNode 上的有效期。为了使 MapReduce Job 使用一个授权令牌，JobTracker 需要保证这一令牌在整个任务的执行过程中都是可用的，在任务结束之后，它可以选择取消令牌。

数据块的传输可以通过块访问令牌来认证，每一个块访问令牌都由 NameNode 生成，它们都是特定的。块访问令牌代表着数据访问容量，一个块访问令牌保证用户可以访问指定的数据块。块访问令牌由 NameNode 签发被用在 DataNode 上，其传输过程就是将 NameNode 上的认证信息传输到 DataNode 上。块访问令牌是基于对称加密模式生成的，NameNode 和 DataNode 共享了密钥。对于每个令牌，NameNode 基于共享密钥计算一个消息认证码（Message Authentication Code，MAC）。接下来，这个消息认证码就会作为令牌验证器成为令牌的主要组成部分。当一个 DataNode 接收到一个令牌时，它会使用自己的共享密钥重新计算一个消息认证码，如果这个认证码同令牌中的认证码匹配，那么认证成功。

（3）MapReduce 安全策略

MapReduce 安全模式主要涉及 Job 提交、Task 和 Shuffle 三个方面。

对于 Job 提交，用户需要将 Job 配置、输入文件和输入文件的元数据等写入用户 home 文件夹下，这个文件夹只能由该用户读、写和执行。接下来用户将 home 文件夹位置和认证信息发送给 JobTracker。在执行过程中，Job 可能需要访问多个 HDFS 节点或其他服务，因此，Job 的安全凭证将以<String key, binary value>形式保存在一个 Map 数据结构中，在物理存储介质上将保存在 HDFS 中 JobTracker 的系统目录下，并分发给每个 TaskTracker。Job 的授权令牌将 NameNode 的 URL 作为其关键信息。为了防止授权令牌过期，JobTracker 会定期更新授权令牌。Job 结束之后所有的令牌都会失效。为了获取保存在 HDFS 上的配置信息，JobTracker 需要使用用户授权令牌访问 HDFS，读取必需的配置信息。

任务（Task）的用户信息沿用生成 Task 的 Job 的用户信息，因为通过这个方式能保证一个用户的 Job 不会向 TaskTracker 或其他用户 Job 的 Task 发送系统信号。这种方式还保证了本地文件有权限高效地保存私有信息。在用户提交 Job 后，TaskTracker 会接收到 JobTracker 分发的 Job 安全凭证，并将其保存在本地仅对该用户可见的 Job 文件夹下。在与 TaskTracker 通信的时候，Task 会用到这个凭证。

当一个 Map 任务完成时，它的输出被发送给管理此任务的 TaskTracker。每一个 Reduce 将会与 TaskTracker 通信以获取自己的那部分输出，此时，就需要 MapReduce 框架保证其他用户不会获取这些 Map 的输出。Reduce 任务会根据 Job 凭证计算请求的 URL 和当前时间戳的消息认证码。这个消息认证码会和请求一起发到 TaskTracker，而 TaskTracker 只会在消息认证码正确并且在封装时间戳的 N 分钟之内提供服务。在 TaskTracker 返回数据时，为了防止数据被木马替换，应答消息的头部将会封装根据请求中的消息认证码计算而来的新消息认证码和 Job 凭证，从而保证 Reduce 能够验证应答消息是由正确的 TaskTracker 发送而来。

Shuffle 描述的是怎样把 map task 的输出结果有效地传送到 reduce 端。在 Hadoop 这样的集群环境中，大部分 map task 与 reduce task 的执行是在不同的节点上。当然很多情况下 Reduce 执行时需要跨节点去拉取其他节点上的 map task 结果。如果集群正在运行的 job 有很多，那么 task 的正常执行对集群内部的网络资源消耗会很严重。这种网络消耗是正常的，我们不能限制，能做的就是最大化地减少不必要的消耗。还有在节点内，相比于内存，磁盘 IO 对 Job 完成时间的影响也是可观的。从最基本的要求来说，我们对 Shuffle 过程的期望可以有：

（1）完整地从 map task 端拉取数据到 reduce 端。

（2）在跨节点拉取数据时，尽可能地减少对带宽的不必要消耗。

（3）减少磁盘 IO 对 task 执行的影响。

1.2　Hadoop 的安装与配置

Hadoop 是为了在 Linux 平台上使用而开发的，但是在一些主流的操作系统如 UNIX、Windows 上 Hadoop 也运行良好。不过，在 Windows 上运行 Hadoop 稍显复杂，首先必须安装 Cygwin 来模拟 Linux 环境，然后才能安装 Hadoop。

1.2.1 在 Linux 上安装与配置 Hadoop

这里，我们采用的是虚拟机上的 Linux 操作系统 Ubuntu14.04。安装的 hadoop 版本是 2.7.3，在 Linux 上安装 Hadoop 之前，需要先安装两个程序：

JDK1.8（jdk1.6 或以上的版本，这里安装的 jdk 的文件名是 jdk-8u111-linux-x64.tar.gz）。Hadoop 是用 Java 编写的程序，Hadoop 的编译及 MapReduce 的运行都需要使用 JDK。因此这里在安装 Hadoop 前，安装了 jdk 的高版本 jdk1.8。

SSH（安全外壳协议），推荐安装 OpenSSH。Hadoop 需要通过 SSH 来启动 Slave 列表中各台主机的守护进程，因此 SSH 也是必须安装的，即使是安装伪分布式版本（因为 Hadoop 并没有区分开集群式和伪分布式）。对于伪分布式，Hadoop 会采用与集群相同的处理方式，即按次序启动文件/hadoop-2.7.3/etc/hadoop/slaves 中记载的主机上的进程，只不过在伪分布式中 Slave 为 localhost（即为自身），所以对于伪分布式 Hadoop，SSH 一样是必需的。

安装配置 jdk 和 hadoop 前，先在电脑虚拟机软件 vmvare 里安装好 ubuntu14.04，安装好后，安装上 vim 等命令相关的软件（这里过程在你输入 vim 操作时会提醒你如何去安装，如果可以使用，则不需要再次安装）。

1.2.1.1 JDK1.8 的安装

下面介绍安装 JDK1.8 的具体步骤。

（1）下载和安装 JDK1.8

确保电脑可以连接到互联网，从 http：//www.oracle.com/technetwork/java/javase/downloads/页面下载 JDK1.8 安装包（文件名类似于 jdk-8u111-linux-x64.tar.gz，适应于 linux 以.tar.gz 结尾的 jdk）到 JDK 安装目录（本节假设 JDK 安装目录均为/Hadoop/java，登录用户为 root）。

（2）手动安装 JDK1.8

在安装 jdk1.8 之前，先要查看 jdk/java 在 ubuntu 中是否已安装。在 teminal 终端下输入 java -version。

root@ubuntu：~# java -version
java version "1.8.0_111"
Java（TM）SE Runtime Environment（build 1.8.0_111-b14）
Java HotSpot（TM）64-Bit Server VM（build 25.111-b14，mixed mode）

若显示结果如上所示，那就说明安装成功，若显示了

程序'java'已包含在下列软件包中：
……………………

那么说明系统中没有安装任何 jdk。(一般刚安装的 ubuntu 没有 jdk，若显示出别的 jdk，那么就需要将其卸载。)那么这里需要去安装 jdk1.8。

在终端下进入 JDK 安装目录，输入命令：

jiangquan@ubuntu：~ $ sudo su
[sudo] password for jiangquan：
root@ubuntu：/home/jiangquan# cd
root@ubuntu：~# cd /Hadoop/java
root@ubuntu：/hadoop/java# ls
jdk-8u111-linux-x64.tar.gz
root@ubuntu：/hadoop/java# tar -zxvf jdk-8u111-linux-x64.tar.gz
root@ubuntu：/hadoop/java# ls
jdk1.8.0_111   jdk-8u111-linux-x64.tar.gz

(3)配置环境变量

打开 bashrc 文件，输入命令：vim ~/.bashrc，点击键盘上的 i，编辑器左下角出现—INSERT—后，就可以添加信息了。

在文件最下面输入如下内容：

#set Java Environment
export JAVA_HOME=/hadoop/java/jdk1.8.0_111
export JRE_HOME=${JAVA_HOME}/jre
export CLASSPATH=.：${JAVA_HOME}/lib：${JRE_HOME}/lib
export PATH=${JAVA_HOME}/bin：$PATH

然后点击键盘上的 Esc 键退出—INSERT--，然后同时 shift+：使得编辑器左下角出现":"这个符号，输入 wq，然后 enter。使得修改成功。再在 teminal 中输入

Source ~/.bashrc

这一步的意义是使得刚刚修改的配置生效，使系统可以找到 JDK。

(4)验证 JDK 是否安装成功

输入命令：java -version，会出现如下 JDK 版本信息：

root@ubuntu：/hadoop/java# java -version
java version "1.8.0_111"
Java(TM) SE Runtime Environment (build 1.8.0_111-b14)
Java HotSpot(TM) 64-Bit Server VM (build 25.111-b14, mixed mode)

如果出现上述 JDK 版本信息，说明当前系统的 JDK 已经设置成 jdk1.8 了。

1.2.1.2　SSH 的安装

（1）查看本机是否安装了 SSH

输入命令：ssh 127.0.0.1，如果可以登录本机说明已经安装了 SSH；否则，

root@ubuntu：~#sudo apt-get install ssh openssh-server

下载并安装 SSH。

（2）使用 SSH 进行无密码验证登录
- 创建 ssh-key，这里我们采用 rsa 方式，使用如下命令：

root@ubuntu：~# ssh-keygen -t rsa -P " "

- 出现一个图形，出现的图形就是密码

root@ubuntu：~# cat ~/.ssh/id_rsa.pub >> authorized_keys

- 然后即可无密码验证登录了，如下：

root@ubuntu：~# ssh localhost
Welcome to Ubuntu 14.04 LTS（GNU/Linux 3.13.0-24-generic x86_64）

 * Documentation：　https：//help.ubuntu.com/

321 packages can be updated.
321 updates are security updates.

Last login：Fri Jan　6 13：40：17 2017 from localhost

（3）验证 SSH 是否已安装成功，以及是否可以免密码登录本机。
输入命令：`ssh -version`。
如下显示，表示 SSH 已经安装成功了。

root@ubuntu：~# ssh -version
Bad escape character 'rsion'.

第一次登录时会询问是否继续链接，输入 yes 即可进入。

实际上，在 Hadoop 的安装过程中，是否免密码登录是无关紧要的，但是如果不配置免密码登录，每次启动 Hadoop 都需要输入密码以登录到每台机器的 DataNode 上，考虑到一般的 Hadoop 集群动辄拥有数百或上千台机器，因此一般来说都会配置 SSH 的免密码登录。

1.2.1.3 安装并运行 Hadoop

Hadoop 分别从三个角度将主机划分为两种角色。第一，最基本的划分为 Master 和 Slave，即主结点与从结点；第二，从 HDFS 的角度，将主机划分为 NameNode 和 DateNode（在分布式文件系统中，目录的管理很重要，管理目录相当于主结点，而 NameNode 就是目录管理者）；第三，从 MapReduce 的角度，将主机划分为 JobTracker 和 TaskTracker（一个 Job 经常被划分为多个 Task，从这个角度不难理解它们之间的关系）。

Hadoop 有官方发行版与 cloudera 版，其中 cloudera 版是 Hadoop 的商用版本，这里介绍 Hadoop 官方发行版的安装方法。

Hadoop 有三种运行方式：单机模式、伪分布式与完全分布式。乍看之下，前两种方式并不能体现云计算的优势，但是它们便于程序的测试与调试，所以还是很有意义的。

可以在以下地址获得 Hadoop 的官方发行版：http://hadoop.apache.org/releases.html。

下载 hadoop-2.7.3.tar.gz（此处推荐下载 2.7.x 的版本，3.0 为测试版，不推荐，并且 2.7.x 版本与 1.0.1 版本有着很大区别），并将其解压（将 hadoop-2.7.3.tar.gz 放在/hadoop 目录下），本书后续都默认将 Hadoop 解压到/hadoop 目录下。

终端切换到 Hadoop 安装目录，输入命令：

root@ubuntu：~# cd /Hadoop

解压该压缩文件，输入命令：

root@ubuntu：/hadoop# tar -zxvf hadoop-2.7.3.tar.gz
root@ubuntu：/hadoop# ls
hadoop-2.7.3　　hadoop-2.7.3.tar.gz　　java

(1) 单机模式配置方式

安装单机模式的 Hadoop 无须配置，在这种方式下，Hadoop 被认为是一个单独的 Java 进程，这种方式经常用来调试。

(2) 伪分布式 Hadoop 配置

可以把伪分布式的 Hadoop 看做只有一个节点的集群。

伪分布式的配置过程也很简单，只需要修改几个文件。先在/Hadoop/Hadoop-2.7.3 目录下创建存放文件的文件夹 configuration1

root@ubuntu：/hadoop# mkdir configuration1/data

root@ ubuntu：/hadoop# mkdir configuration1/name
root@ ubuntu：/hadoop# mkdir configuration1/tmp

进入/hadoop/hadoop-2.7.3/etc/hadoop 文件夹，修改 hadoop 配置文件。需要配置的文件有 hadoop-env.sh，core-site.xml，mapred-site.xml.template，hdfs-site.xml。

①输入命令：vim core-site.xml，修改 core-site.xml 文件，在文件中输入：

\<configuration\>
\<property\>
\<name\>hadoop.tmp.dir\</name\>
\<value\>file：/hadoop/hadoop-2.7.3/configuration1/tmp\</value\>
\<description\>Abase for other temporary directories.\</description\>
\</property\>
\<property\>
\<name\>fs.defaultFS\</name\>
\<value\>hdfs：//localhost：9000\</value\>
\</property\>
\</configuration\>

②输入命令 vim mapred-site.xml.template，修改 mapred-site.xml.template 文件，在文件中输入：

\<configuration\>
\<property\>
\<name\>mapred.job.tracker\</name\>
\<value\>localhost：9001\</value\>
\</property\>
\</configuration\>

③输入命令 vim hdfs-site.xml，修改 hdfs-site.xml 文件：

\<configuration\>
\<property\>
\<name\>dfs.replication\</name\>
\<value\>1\</value\>
\</property\>

\<property\>

```
<name>dfs. namenode. name. dir</name>
<value>file：/hadoop/hadoop-2. 7. 3/configuration1/name</value>
</property>

<property>
<name>dfs. datanode. data. dir</name>
<value>file：/hadoop/hadoop-2. 7. 3/configuration1/data</value>
</property>
</configuration>
```

补充：若在运行 hadoop 时发现找不到 jdk，可以直接将 jdk 的路径放在 hadoop. env. sh 里面，具体如下：

export JAVA_HOME＝"/hadoop/java/jdk1. 8. 0_111"

④初始化 HDFS，并启动 Hadoop

启动 Hadoop 前，需要初始化 Hadoop 的文件系统 HDFS。

首先，通过 cd /hadoop/hadoop-2. 7. 3 命令进入 hadoop 的根目录，然后输入命令：bin/hadoop namenode -format（若显示命令不存在或者出现别的问题导致命令无法执行，很可能就是配置问题，多网上查找对应问题，修改配置等）若显示成功，则表示初始化完成，如图 1. 2. 1 所示。

```
17/01/06 14:15:12 INFO namenode.FSNamesystem: Retry cache on namenode is enabled
17/01/06 14:15:12 INFO namenode.FSNamesystem: Retry cache will use 0.03 of total
 heap and retry cache entry expiry time is 600000 millis
17/01/06 14:15:12 INFO util.GSet: Computing capacity for map NameNodeRetryCache
17/01/06 14:15:12 INFO util.GSet: VM type       = 64-bit
17/01/06 14:15:12 INFO util.GSet: 0.029999999329447746% max memory 889 MB = 273.
1 KB
17/01/06 14:15:12 INFO util.GSet: capacity      = 2^15 = 32768 entries
Re-format filesystem in Storage Directory /hadoop/hadoop-2.7.3/configuration1/na
me ? (Y or N) y
17/01/06 14:15:14 INFO namenode.FSImage: Allocated new BlockPoolId: BP-32864742-
127.0.1.1-1483683314396
17/01/06 14:15:14 INFO common.Storage: Storage directory /hadoop/hadoop-2.7.3/co
nfiguration1/name has been successfully formatted.
17/01/06 14:15:14 INFO namenode.FSImageFormatProtobuf: Saving image file /hadoop
/hadoop-2.7.3/configuration1/name/current/fsimage.ckpt_0000000000000000000 using
 no compression
17/01/06 14:15:15 INFO namenode.FSImageFormatProtobuf: Image file /hadoop/hadoop
-2.7.3/configuration1/name/current/fsimage.ckpt_0000000000000000000 of size 351
bytes saved in 0 seconds.
17/01/06 14:15:15 INFO namenode.NNStorageRetentionManager: Going to retain 1 ima
ges with txid >= 0
17/01/06 14:15:15 INFO util.ExitUtil: Exiting with status 0
17/01/06 14:15:15 INFO namenode.NameNode: SHUTDOWN_MSG:
/************************************************************
SHUTDOWN_MSG: Shutting down NameNode at ubuntu/127.0.1.1
************************************************************/
```

图 1. 2. 1　初始化 hdfs

a. 启动 Hadoop

对于 Hadoop 来说，启动所有进程是必须的，但是如果有必要，你可以只启动 HDFS（start-dfs.sh）或 MapReduce（start-mapred.sh）。

启动所有进程，输入命令：bin/start-all.sh。这个过程包含了开启 NameNode 和 DataNode 守护进程。

图 1.2.2　启动 hadoop

b. 查看进程信息

使用 Jps 命令查看进程信息，截图如下：

图 1.2.3　Jps 查看进程

c. 验证 Hadoop 是否安装成功

打开 ubuntu 上的 firefox 浏览器，输入网址：http：//localhost：50070（HDFS 的 Web 页面，见图 1.2.4）。如果能查看，说明 Hadoop 已经安装成功。

1.2.2　在 Windows 上安装与配置 Hadoop

在 Windows 上运行 Hadoop 稍显复杂，首先必须安装 Cygwin 来模拟 Linux 环境，然后才能安装 Hadoop。

1.2.2.1　安装 JDK1.6 或更高版本

相对于 Linux，JDK 在 Windows 上的安装过程更容易，你可以在 http：//www.oracle.com/technetwork/java/javase/downloads/下载到最新版本的 JDK。安装过程十分简单，运行安装程序即可，程序会自动配置环境变量（在之前的版本中还没有这项功能，新版本的 JDK 已经可以自动配置环境变量了）。

1.2.2.2　安装 Cygwin

Cygwin 是在 Windows 平台下模拟 UNIX 环境的一个工具，只有通过它才可以在 Windows 环境下安装 Hadoop。可以通过下面的链接下载 Cygwin：http：//www.cygwin.com/。

1.2 Hadoop 的安装与配置

图 1.2.4　HDFS 的 Web 界面

双击运行安装程序，进入 select package 界面，如图 1.2.5 所示，然后进入 Net，选中 OpenSSL 及 OpenSSH，如图 1.2.6 所示。

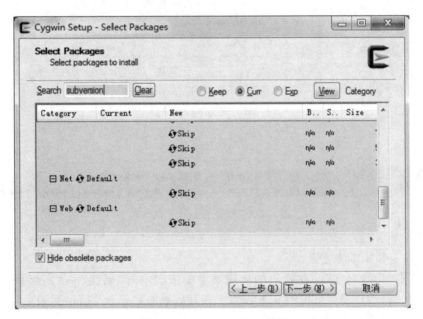

图 1.2.5　select package 界面

如果打算在 Eclipse 上编译 Hadoop，还必须安装 Base 下的 sed，如图 1.2.7 所示。
另外建议安装 Editors 下的 vim，以便在 Cygwin 上直接修改配置文件，如图 1.2.8 所示。

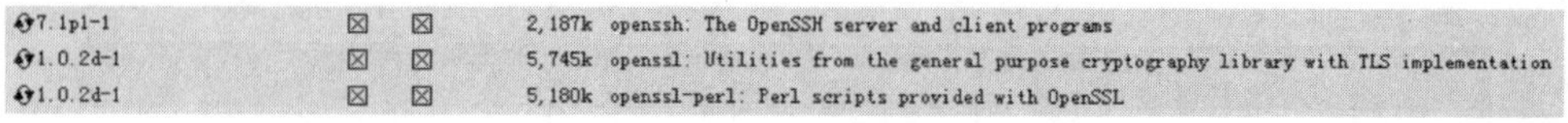

图 1.2.6 安装 OpenSSL 及 OpenSSH

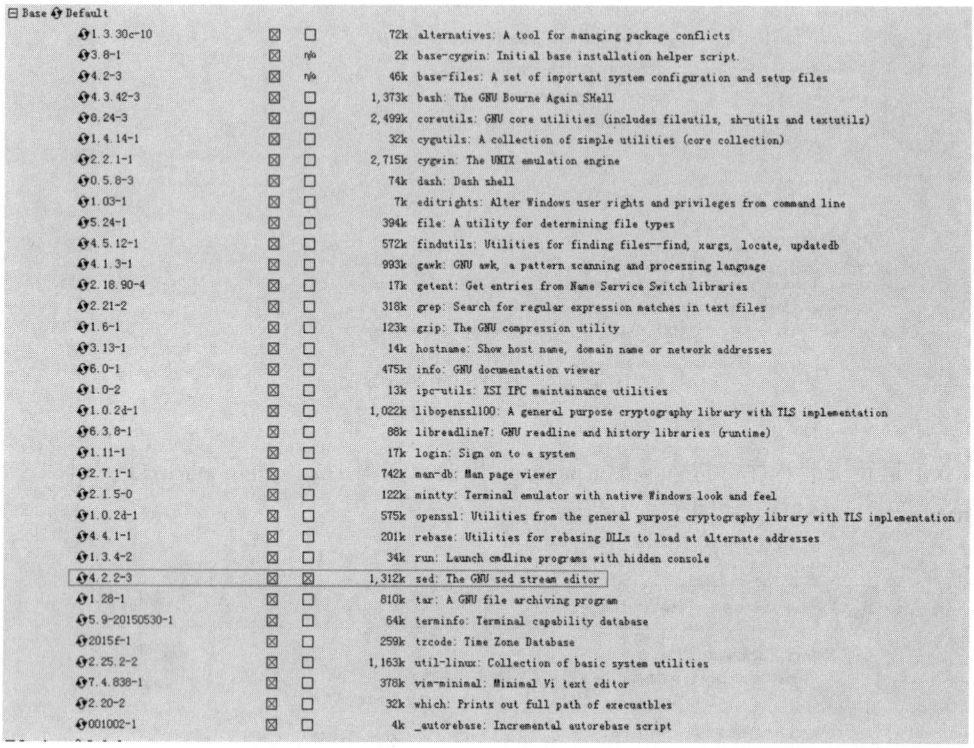

图 1.2.7 安装 Base 下的 sed

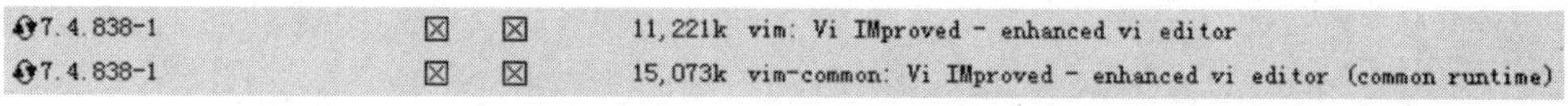

图 1.2.8 安装 Editors 下的 vim

1.2.2.3 配置环境变量

依次右击"我的电脑",在弹出的快捷菜单中依次单击"属性"→"高级系统设置"→"环境变量",修改环境变量里的 path 设置,在其后添加 Cygwin 的 bin 目录。

1.2.2.4 安装 sshd 服务

单击桌面上的 Cygwin 图标,右击鼠标,以管理员的身份运行该程序。

执行 mkpasswd 和 mkgroup 重新生成权限信息,命令如下:

mkpasswd -l>/etc/passwd
mkgroup -l>/etc/group

执行 ssh-host-config 命令，命令如下：

ssh-host-config -y

当显示"Have Fun"时，表示 sshd 服务安装成功，如图 1.2.9 所示。

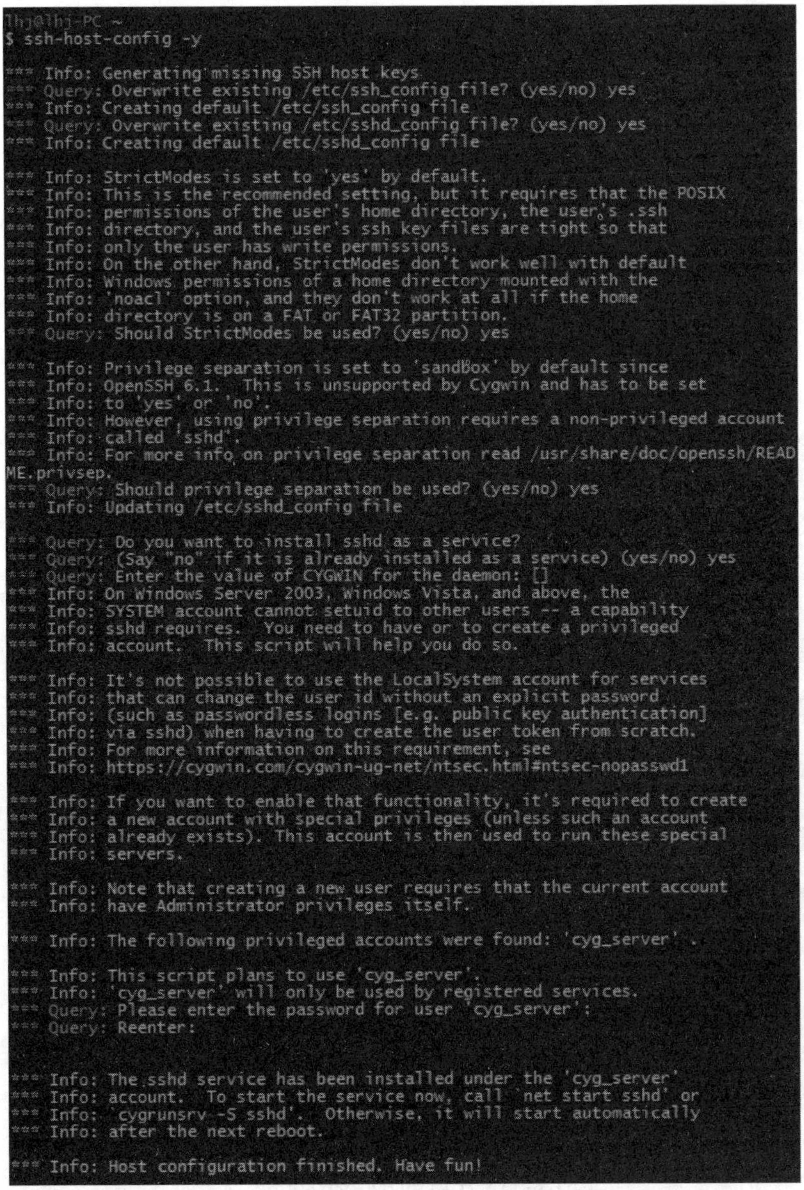

图 1.2.9　安装 sshd 服务

1.2.2.5 启动 sshd 服务

在桌面上的"我的电脑"图标上右击,在弹出的快捷菜单中点击"管理"命令,启动 CYGWIN sshd 服务,或者直接在终端下输入下面的命令启动服务: cygrunsrv -S sshd

1.2.2.6 配置 SSH 免密码登录

执行 ssh-keygen 命令生产密钥文件,遇到需要输入的地方,直接回车就好,如图 1.2.10 所示。

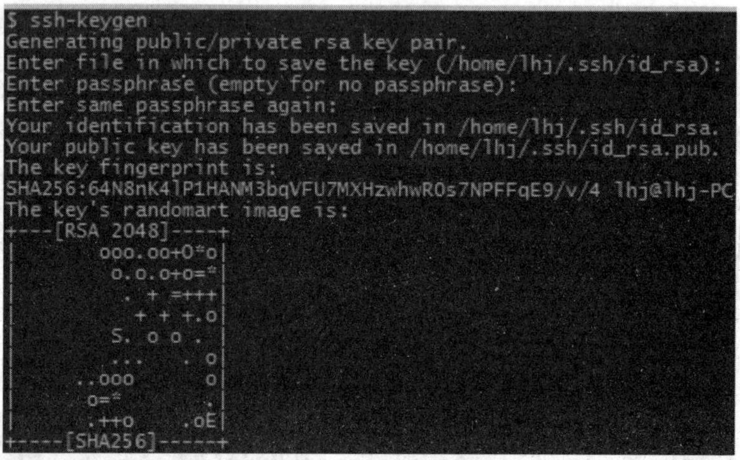

图 1.2.10 启动 sshd 服务

按如下命令生成 authorized_keys 文件,如图 1.2.11 所示:

cd ~/.ssh
cp id_rsa.pub authorized_keys

图 1.2.11 生成 authorized_keys 文件

完成上述操作后,执行 exit 命令先退出 Cygwin 窗口,如果不执行这一步操作,后续的操作可能会遇到错误。

接下来，重新运行 Cygwin，执行 ssh localhost 命令，在第一次执行时会有提示，然后输入 yes，直接回车即可。

1.2.2.7　安装并运行 Hadoop

在安装运行 hadoop 之前，我们首先进行 vi(vim) 的配置工作。由于默认的 vi(vim) 往往没有配置文件，故经常导致方向键出现 ABCD，以及 Backspace 只会移动光标，字符不消失的问题。如果出现以上问题，则由我们自己添加配置文件.vimrc：

首先，进入配置文件目录：这里的目录因安装路径不同而异，比如 D：\ cygwin \ home \ Administrator，如图 1.2.12 所示。

```
$ cd /cygdrive/d/cygwin/home/Administrator
```

图 1.2.12　进入配置文件目录

编辑配置文件：.virc，如图 1.2.13 所示：

```
$ vi .virc
```

图 1.2.13　编辑配置文件

在.virc 中输入如下代码：

set nocp
set backspace=start，indent，eol

最后使用：wq! 保存退出

下面，我们正式开始 hadoop 的安装与运行，这里以在 Windows 上进行伪分布式 Hadoop 配置为例进行介绍：

将下载的 hadoop-1.0.1.tar.gz 解压到 D 盘根目录下。

进入 conf 文件夹，修改 hadoop-env.sh 文件，向其中添加如下字段(注意：下面的 jdk 根目录因安装目录不同而异)：

export JAVA_HOME="D：/java/jre"

修改 Hadoop 核心配置文件 core-site.xml，这里配置的是 HDFS(Hadoop 的分布式文件系统)的地址和端口号，添加如下片段：(注意：IP 地址也以本机 IP 为准)

<property>
　　<name>fs.default.name</name>

        <value>hdfs：//192.168.10.146：9000</value>
    </property>
    <property>
        <name>hadoop.tmp.dir</name>
        <value>/cygdrive/d/hadoop-1.0.1/tmp</value>
    </property>

修改 Hadoop 中 HDFS 的配置 hdfs-site.xml，配置的备份方式默认为 3，在单机版的 Hadoop 中，需要将其改为 1，片段如下：

<property>
    <name>dfs.replication</name>
    <value>1</value>
</property>

修改 Hadoop 中 MapReduce 的配置文件 mapred-site.xml，配置 JobTracker 的地址及端口，片段如下：

<property>
        <name>mapred.job.tracker</name>
        <value>192.168.10.146：9001</value>
</property>
<property>
<name>mapred.child.tmp</name>
        <value>/cygdrive/d/hadoop-1.0.1/temp</value>
</property>

格式化 NadeNode，输入命令：`bin/hadoop namenode -format`

启动 Hadoop，输入命令：`bin/start-all.sh`

如图 1.2.14 所示。

通过 http：//master：50070 及 http：//master：50030 查看集群状态，如图 1.2.15 和图 1.2.16 所示。

1.2.3 安装和配置 Hadoop 集群

1.2.3.1 网络拓扑

通常来说，一个 Hadoop 的集群体系结构由两层网络拓扑组成，如图 1.2.17 所示。结合实际应用来看，每个机架中会有 30~40 台机器，这些机器共享一个 1GB 带宽的网络交换机。在所有的机架之上还有一个核心交换机或路由器，通常来说其网络交换能力为 1GB

```
lhj@lhj-PC ~
$ cd /

lhj@lhj-PC /
$ ls
bin       Cygwin.bat  Cygwin-Terminal.ico  etc   lib   sbin  usr
cygdrive  Cygwin.ico  dev                  home  proc  tmp   var

lhj@lhj-PC /
$ cd cygdrive

lhj@lhj-PC /cygdrive
$ ls
c  d  e

lhj@lhj-PC /cygdrive
$ cd d

lhj@lhj-PC /cygdrive/d
$ ls
$RECYCLE.BIN        kcdown         SQLyog_Enterprise+8.14
BaiduYunDownload    KwDownload     System Volume Information
Camtasia Studio 6   LibUSB-Win32   VMware
Foxit Software      MyDrivers      搜狐影音
hadoop-1.0.1        Notepad++      迅雷下载
hadoop-Win7         SHDownload
java                sohucache

lhj@lhj-PC /cygdrive/d
$ cd hadoop-1.0.1

lhj@lhj-PC /cygdrive/d/hadoop-1.0.1
$ ls
bin          hadoop-ant-1.0.1.jar          ivy          README.txt
build.xml    hadoop-client-1.0.1.jar       ivy.xml      sbin
c++          hadoop-core-1.0.1.jar         lib          share
CHANGES.txt  hadoop-examples-1.0.1.jar     libexec      src
conf         hadoop-minicluster-1.0.1.jar  LICENSE.txt  tmp
contrib      hadoop-test-1.0.1.jar         logs         webapps
docs         hadoop-tools-1.0.1.jar        NOTICE.txt

lhj@lhj-PC /cygdrive/d/hadoop-1.0.1
$ bin/hadoop namenode -format
15/09/08 12:05:18 INFO namenode.NameNode: STARTUP_MSG:
/************************************************************
STARTUP_MSG: Starting NameNode
STARTUP_MSG:   host = lhj-PC/192.168.10.114
STARTUP_MSG:   args = [-format]
STARTUP_MSG:   version = 1.0.1
STARTUP_MSG:   build = https://svn.apache.org/repos/asf/hadoop/common/branches/b
ranch-1.0 -r 1243785; compiled by 'hortonfo' on Tue Feb 14 08:15:38 UTC 2012
************************************************************/
15/09/08 12:05:19 INFO util.GSet: VM type       = 64-bit
15/09/08 12:05:19 INFO util.GSet: 2% max memory = 17.78 MB
15/09/08 12:05:19 INFO util.GSet: capacity      = 2^21 = 2097152 entries
15/09/08 12:05:19 INFO util.GSet: recommended=2097152, actual=2097152
15/09/08 12:05:19 INFO namenode.FSNamesystem: fsOwner=lhj
15/09/08 12:05:19 INFO namenode.FSNamesystem: supergroup=supergroup
15/09/08 12:05:19 INFO namenode.FSNamesystem: isPermissionEnabled=true
15/09/08 12:05:19 INFO namenode.FSNamesystem: dfs.block.invalidate.limit=100
15/09/08 12:05:19 INFO namenode.FSNamesystem: isAccessTokenEnabled=false accessK
eyUpdateInterval=0 min(s), accessTokenLifetime=0 min(s)
15/09/08 12:05:19 INFO namenode.NameNode: Caching file names occuring more than
10 times
15/09/08 12:05:19 INFO common.Storage: Image file of size 109 saved in 0 seconds
.
15/09/08 12:05:19 INFO common.Storage: Storage directory \cygdrive\d\hadoop-1.0.
1\temp\dfs\name has been successfully formatted.
15/09/08 12:05:19 INFO namenode.NameNode: SHUTDOWN_MSG:
/************************************************************
SHUTDOWN_MSG: Shutting down NameNode at lhj-PC/192.168.10.114
************************************************************/

lhj@lhj-PC /cygdrive/d/hadoop-1.0.1
$ bin/start-all.sh
```

图 1.2.14　格式化 NameNode 并启动 Hadoop

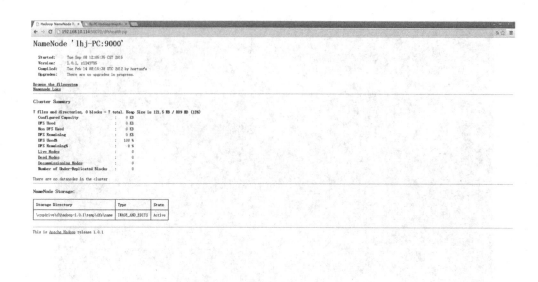

图 1.2.15　利用浏览器查看 NameNode 信息

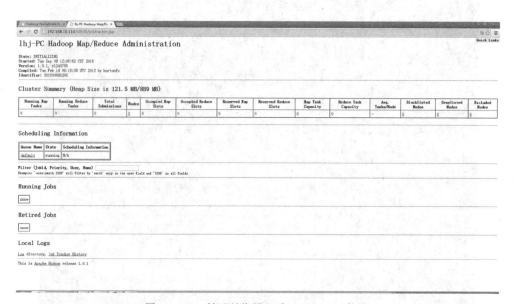

图 1.2.16　利用浏览器查看 MapReduce 信息

或更高。可以很明显地看出，同一个机架中机器节点之间的带宽资源肯定要比不同机架中机器节点间丰富。这也是 Hadoop 随后设计数据读写分发策略要考虑的一个重要因素。

1.2.3.2　定义集群拓扑

在实际应用中，为了使 Hadoop 集群获得更高的性能，用户需要配置集群，使 Hadoop 能够感知其所在的网络拓扑结构。当然，如果集群中机器数量很少且存在于一个机架中，那么就不用做太多额外的工作；而当集群中存在多个机架时，就要使 Hadoop 清晰地知道

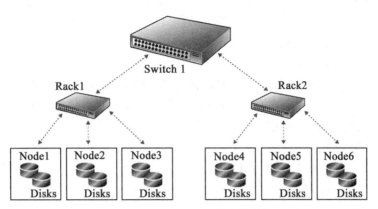

图 1.2.17 Hadoop 网络拓扑结构

每台机器所在的机架。随后，在处理 MapReduce 任务时，Hadoop 就会优先选择在机架内部做数据传输，而不是在机架间传输，这样就可以更充分地使用网络带宽资源。同时，HDFS 可以更加智能地部署数据副本，并在性能和可靠性间找到最优的平衡。

在 Hadoop 中，网络的拓扑结构、机器节点及机架的网络位置定位都是通过树结构来描述的。通过树结构来确定节点间的距离，这个距离是 Hadoop 做决策判断时的参考因素。NameNode 也是通过这个距离来决定应该把数据副本放到哪里的。当一个 Map 任务到达时，它会被分配到一个 TaskTracker 上运行，JobTracker 节点则会使用网络位置来确定 Map 任务执行的机器节点。

在图 1.2.17 中，使用树结构来描述网络拓扑结构，主要包括两个网络位置：交换机/机架 1 和交换机/机架 2。因为图中的集群只有一个最高级别的交换机，所以此网络拓扑可简化描述为/机架 1 和/机架 2。

在配置 Hadoop 时，Hadoop 会确定节点地址和其网络位置的映射，此映射在代码中通过 Java 接口 DNSToSwitchMapping 实现，代码如下：

```
public interface DNSToSwitchMapping{
    public List<String> resolve(List<String> names);
}
```

其中参数 names 是 IP 地址的一个 List 数据，这个函数的返回值为对应网络位置的字符串列表。在 opology.node.switch.mapping.impl 中的配置参数定义了一个 DNSToSwitchMapping 接口的实现，NameNode 通过它确定完成任务的机器节点所在的网络位置。

在图 1.2.17 的实例中，可以将节点 1、节点 2、节点 3 映射到/机架 1 中，节点 4、节点 5、节点 6 映射到/机架 2 中。事实上在实际应用中，管理员可能不需要手动做额外的工作去配置这些映射关系，系统有一个默认的接口实现 ScriptBasedMapping。它可以运行用户自定义的一个脚本区完成映射。如果用户没有定义映射，那么这个脚本的位置由 topology.script.file.name 的属性控制。脚本必须获取一批主机的 IP 地址作为参数进行映射，同时生成一个标准的网络位置给输出。

1.2.3.3　Hadoop 集群的配置

要建立 Hadoop 集群，首先是要做的就是选择并购买机器，在机器到手之后，就要进行网络部署并安装软件了。下面将对 Hadoop 的分布式配置做具体的介绍。

Hadoop 的配置文件分为两类。

- 只读类型的默认文件：src/core/core-default.xml、src/hdfs/hdfs-default.xml、src/mapred/mapred-default.xml、conf/mapred-queues.xml。
- 定位（site-specific）设置：conf/core-site.xml、conf/hdfs-site.xml、conf/mapred-site.xml、conf/mapred-queues.xml。

除此之外，也可以通过设置 conf/Hadoop-env.sh 来为 Hadoop 的守护进程设置环境变量(在 bin/ 文件夹内)。

Hadoop 是通过 org.apache.hadoop.conf.configuration 来读取配置文件的。在 Hadoop 的设置中，Hadoop 的配置是通过资源(resource)定位的，每个资源由一系列 name/value 对以 XML 文件的形式构成，它以一个字符串命名或以 Hadoop 定义的 Path 类命名(这个类是用于定义文件系统内的文件或文件夹的)。如果是以字符串命名的，Hadoop 会通过 classpath 调用此文件。如果以 Path 类命名，那么 Hadoop 会直接在本地文件系统中搜索文件。

资源设定有两个特点：

- Hadoop 允许定义最终参数(final_parameters)，如果任意资源声明了 final 这个值，那么之后加载的任何资源都不能改变这个值，定义最终资源的格式是这样的：

<property>
<name>dfs.client.buffer.dir</name>
<value>/tmp/Hadoop/dfs/client</value>
<final>true</final>//注意这个值
</property>

- Hadoop 允许参数传递，示例如下，当 tempdir 被调用时，basedir 会作为值被调用。

<property>
<name>basedir</name>
<value>/user/${user.name}</value>
</property>
<property>
<name>tempdir</name>
<value>${basedir}/tmp</value>
</property>

前面提到，读者可以通过设置 conf/Hadoop-env.sh 为 Hadoop 的守护进程设置环境变量。

一般来说，大家至少需要在这里设置在主机上安装的 JDK 的位置（JAVA_HOME），以使 Hadoop 找到 JDK。大家也可以在这里通过 HADOOP_*_OPTS 对不同的守护进程分别进行设置，如表1.2.1所示。

表1.2.1　　　　　　　　　　**Hadoop 的守护进程配置表**

守护进程（Daemon）	配置选项（Configure Options）
NameNode	HADOOP_NAMENODE_OPTS
DataNode	HADOOP_DATANODE_OPTS
SecondaryNameNode	HADOOP_SECONDARYNAMENODE_OPTS
JobTracker	HADOOP_JOBTRACKER_OPTS
TaskTracker	HADOOP_TASKTRACKER_OPTS

例如，如果想设置 NameNode 使用 parallelGC，那么可以这样写：

export HADOOP_NAMENODE_OPTS ="-XX：+UseParallelGC ${HADOOP_NAMENODE_OPTS}"

在这里也可以进行其他设置，比如设置 Java 的运行环境（HADOOP_OPTS），设置日志文件的存放位置（HADOOP_LOG_DIR）或者 SSH 的配置（HADOOP_SSH_OPTS），等等。

关于 conf/core-site.xml、conf/hdfs-site.xml、conf/mapred-site.xml 的配置如下表所示。

表1.2.2　　　　　　　　　　**conf/core-site.xml 的配置**

参数（Parameter）	值（Value）
fs.default.name	NameNode 的 IP 地址及端口

表1.2.3　　　　　　　　　　**conf/hdfs-site.xml 的配置**

参数（Parameter）	值（Value）
dfs.name.dir	NameNode 存储名字空间及汇报日志的位置
dfs.data.dir	DataNode 存储数据块的位置

表1.2.4　　　　　　　　　　**conf/mapred-site.xml**

参数（Parameter）	值（Value）
Mapreduce.jobtracker.address	JobTracker 的 IP 地址及端口

续表

参数(Parameter)	值(Value)
Mapreduce.jobtracker.system.dir	MapReduce 在 HDFS 上存储文件的位置，例如/Hadoop/mapred/system/
Mapreduce.cluster.local.dir	MapReduce 的缓存数据存储在文件系统中的位置
Mapreduce.tasktracker.｛map｜reduce｝.tasks.maximum	每台 TaskTracker 所能运行的 Map 或 Reduce 的 task 最大数量
Dfs.hosts/dfs.hosts.exclude	允许或禁止的 DataNode 列表
Mapreduce.jobtracker.hosts.filename/mapreduce..jobtracker.hosts.exclude.filename	允许或禁止的 TaskTrackers 列表
Mapreduce.cluster.job-authorization-enabled	布尔类型，表示 Job 存取控制列表是否支持对 Job 的观察和修改

一般而言，除了规定端口、IP 地址、文件的存储位置外，其他配置都不是必须修改的，可以根据读者的需要决定采用默认配置还是自己修改。还有一点需要注意的是，以上配置都被默认为最终参数(final parameters)，这些参数都不可以在程序中再次修改。

接下来可以看一下 conf/mapred-queues.xml 的配置列表，如表 1.2.5 所示。

表 1.2.5　　　　　　　　conf/mapred-queues.xml 的配置

标签或属性(Tag/Attribute)	值(Value)	是否可刷新
Queues	配置文件的根元素	无意义
AclsEnabled	布尔类型<queue>标签的属性，表示存取控制列表是否支持控制 Job 的提交及所有 queue 的管理	是
queue	<queues>的子元素，定义系统中的 queue	无意义
Name	<queue>的子元素，代表名字	否
State	<queue>的子元素，代表 queue 的状态	是
Acl-submit-job	<queue>的子元素，定义一个能提交 job 到该 queue 的用户或组的名单列表	是
Acl-administrator-job	<queue>的子元素，定义一个能更改 Job 的优先级或能杀死已提交到该 queue 的 Job 用户或组的名单列表	是
properties	<queues>的子元素，定义优先调度规则	无意义
Property	<properties>的子元素	无意义
Key	<property>的子元素	调度程序指定
Value	<property>的属性	调度程序指定

相信大家不难猜出表的 conf/mapred-queues.xml 文件是用来做什么的，这个文件就是用来设置 MapReduce 系统的队列顺序的。Queues 是 JobTracker 中的一个抽象概念，可以在一定程度上管理 Job，因此它为管理员提供了一种管理 Job 的方式。这种控制是常见且有效的，例如通过这种管理可以把不同的用户划分为不同的组，或分别赋予他们不同的级别，并且会优先执行高级别用户提交的 Job。

按照这个思想，很容易想到三种原则：同一类用户提交的 Job 统一提交到同一个 queue 中；运行时间较长的 Job 可以提交到同一个 queue 中；把很快就能运行完成的 Job 划分到一个 queue 中，并且限制 queue 中 Job 的数量上限。

Queue 的有效性很依赖在 JobTracker 中通过 mapreduce.jobtracker.taskscheduler 设置的调度规则（scheduler）。一些调度算法可能只需要一个 queue，不过有些调度算法可能很复杂，需要设置很多 queue。

对 queue 大部分设置的更改都不需要重新启动 MapReduce 系统就可以生效，不过也有一些更改需要重启系统才能有效，具体如表所示。

conf/mapred-queues.xml 的文件配置与其他文件略有不同，配置格式如下：

```xml
<queues aclsEnabled=" $ aclsEnabled">
 <queue>
    <name> $ queue-name</name>
    <state> $ state</state>
    <queue>
        <name> $ child-queue1</name>
        <properties>
            <property key=" $ key" value=" $ value" />
            …
        </properties>
        <queue>
            <name> $ grand-child-queue1</name>
            …
        </queue>
    </queue>
    <queue>
        <name> $ grand-child-queue2</name>
        …
    </queue>
    …
    …
    …
    <queue>
```

```
            <name>$leaf-queue</name>
            <acl-submit-job>$acls</acl-submit-job>
            <acl-administer-jobs>$acls</acl-administer-jobs>
            <properties>
                <property key="$key" value="$value"/>
                …
            </properties>
        </queue>
    </queue>
</queues>
```

以上这些就是 Hadoop 配置的主要内容,其他关于 Hadoop 配置方面的信息,诸如内存配置等,如果有兴趣可以参阅官方的配置文档。

1.2.3.4　Hadoop 集群配置的实例

由于条件有限,我们只搭建一个有三台主机的小集群,虚拟机使用的操作系统是 CentOS6.5。

相信大家还没忘记 Hadoop 对主机的三种定位方式,分别为 Master 和 Slave、JobTracker 和 TaskTracker、NameNode 和 DateNode。在分配 IP 地址时我们顺便规定一下角色。

下面为这三台机器分配 IP 地址及相应的角色(这里我们以三台主机 IP 分别为 192.168.10.13、192.168.10.14 以及 192.168.10.15 为例):

192.168.10.13-master namenode jobtracker-master

192.168.10.14-slave datanode tasktracker-slave1

192.168.10.15-slave datanode tasktracker-slave2

首先在三台主机上创建相同的角色(这是 Hadoop 的基本要求,我们在安装过程中默认使用 root 用户)

(1)配置网卡,确保主机能上网(若主机已经可以上网,则忽略此步骤)。

使用 vi 编辑 ifcfg-eth0 文件,输入命令:vi /etc/sysconfig/network-scripts/ifcfg-eth0

修改为如下内容:

```
DEVICE=eth0         [不需要修改]
HWADDR=52:54:00:B9:A6:C0    [不需要修改]
NM_CONTROLLED=no     [需要修改]
ONBOOT=yes          [需要修改]
BOOTPROTO=none      [需要修改]
IPADDR=192.168.10.13     [需要修改为你的IP]
NETMASK=255.255.255.0    [需要修改为你的掩码]
GATEWAY=192.168.10.1     [需要修改为你的网关]
DNS1=221.130.33.52       [需要修改为DNS1]
```

DNS2=221.130.33.60　　　[需要修改为 DNS2]

运行下面的命令，网络服务进程 network 配置为开机即启动

chkconfig network on

运行下面的命令，重启网络服务进程 network

service network restart

因我们要使用网络安装方式，所以要首先保证你的服务器可以正常联网。Ping www.baidu.com 试试是否可以访问外网。
(2) 在三台主机上均安装 JDK1.6，并设置环境变量。
(3) 在三台主机上分别设置/etc/hosts 及/etc/hostname。
修改/etc/hosts 文件，输入命令：　vi /etc/hosts

192.168.10.13 master
192.168.10.14 slave1
192.168.10.15 slave2

修改/etc/hostname 文件，输入命令：　vi /etc/hostname
在 IP 是 192.168.10.13 的主机中输入：master
在 IP 是 192.168.10.14 的主机中输入：slave1
在 IP 是 192.168.10.15 的主机中输入：slave2
重启主机，输入命令：　reboot
(4) 在这三台主机上安装 OpenSSH，并配置 SSH 可以免密码登录。(前面已经讲解过了，这里就不再赘述)
将文件复制到两台 Slave 主机相同的文件夹内，在 master 主机的终端中输入命令：

cd ~/.ssh
scp authorized_keys slave1：~/.ssh/
scp authorized_keys slave2：~/.ssh/

查看是否可以从 Master 主机免密码登录 Slave，输入命令：

ssh slave1
ssh slave2

(5)安装 Hadoop 1.0.1。

解压该压缩文件(默认解压到/software 中),输入如下命令:

tar-zxvf hadoop-1.0.1-bin.tar.gz

(6)配置三台主机的 Hadoop 文件,内容如下。

首先,分别进入三台主机 Hadoop 的 conf 文件夹中。

①编辑 Hadoop-env.sh 文件

  输入命令:vi hadoop-env.sh

  输入内容:export JAVA_HOME=/software/jdk1.6.0_45

②编辑 core-site.xml

  输入命令:vi core-site.xml

  输入内容:

  Master 主机上的 core-site.xml 文件:

```
<property>
        <name>fs.default.name</name>
        <value>hdfs://master:9000</value>
</property>
<property>
    <name>hadoop.tmp.dir</name>
    <value>/tmp</value>
</property>
```

Slave1 主机上的 core-site.xml 文件:

```
<property>
        <name>fs.default.name</name>
        <value>hdfs://slave1:9000</value>
</property>
<property>
    <name>hadoop.tmp.dir</name>
    <value>/tmp</value>
</property>
```

Slave2 主机上的 core-site.xml 文件:

```
<property>
        <name>fs. default. name</name>
        <value>hdfs：//slave2：9000</value>
</property>
<property>
    <name>hadoop. tmp. dir</name>
    <value>/tmp</value>
</property>
```

③编辑 hdfs-site. xml

输入命令：vi hdfs-site. xml

输入内容：

```
<property>
     <name>dfs. replication</name>
     <value>2</value>
</property>
```

④编辑 mapred-site. xml

输入命令：vi mapred-site. xml

输入内容：

Master 主机上的 mapred-site. xml 文件

```
<property>
        <name>mapred. job. tracker</name>
        <value>master：9001</value>
</property>
```

Slave1 主机上的 mapred-site. xml 文件

```
<property>
        <name>mapred. job. tracker</name>
        <value>slave1：9001</value>
</property>
```

Slave2 主机上的 mapred-site. xml 文件

```
<property>
```

　　　　　　<name>mapred.job.tracker</name>
　　　　　　<value>slave2：9001</value>
　　</property>

　　⑤编辑 masters
　　　　输入命令：vi masters，输入内容：master

　　⑥编辑 slaves
　　　　输入命令：vi slaves，输入内容：slave1
　　　　　　　　　　　　　　　　　　　　 slave2

这样，三台主机都安装和配置好 Hadoop 软件了。
（7）启动 Hadoop
格式化 NadeNode，在 master 中输入命令：./hadoop namenode -format
关闭三台主机的防火墙，在三台主机中输入命令：service iptables stop
启动 Hadoop，在 master 中输入命令：./start-all.sh
（8）也可以使用 jps 检验各后台进程是否成功启动。
在主节点 master 上查看 namenode、jobtracker、Secondarynamenode 进程是否启动，如图 1.2.18 所示。

```
[root@master hadoop-1.0.1]# jps
3490 Jps
3386 JobTracker
3155 NameNode
3304 SecondaryNameNode
```

图 1.2.18　在主结点 master 上查看进程

在 slave1 和 slave2 结点查看 TaskTracker 和 DataTracker 进程是否启动，如图 1.2.19 所示。
先看 slave1 的情况：

```
[root@master hadoop-1.0.1]# ssh slave1
Last login: Wed Aug 26 00:54:15 2015 from master
[root@slave1 ~]# jps
1446 Jps
1312 TaskTracker
1257 DataNode
```

图 1.2.19　在 slave1 结点上查看进程

图 1.2.20 是 slave2 的情况：
（9）通过网站查看集群情况
在浏览器中输入：http：//192.168.10.13：50030，网址为 master 结点所对应的 IP，如图 1.2.21 所示。
在浏览器中输入：http：//192.168.10.13：50070，网址为 master 结点所对应的 IP，

1.2 Hadoop 的安装与配置

```
[root@slave1 ~]# exit
logout
Connection to slave1 closed.
[root@master hadoop-1.0.1]# ssh slave2
Last login: Wed Aug 26 00:08:51 2015
[root@slave2 ~]# jps
1232 DataNode
1287 TaskTracker
1421 Jps
```

图 1.2.20　在 slave2 结点上查看进程

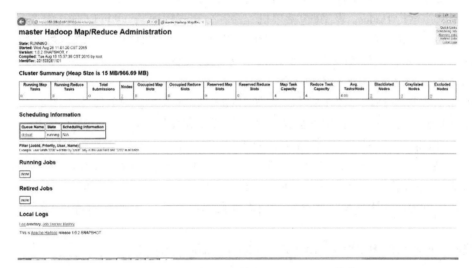

图 1.2.21　查看 master 结点上 MapReduce 信息

如图 1.2.22 所示。

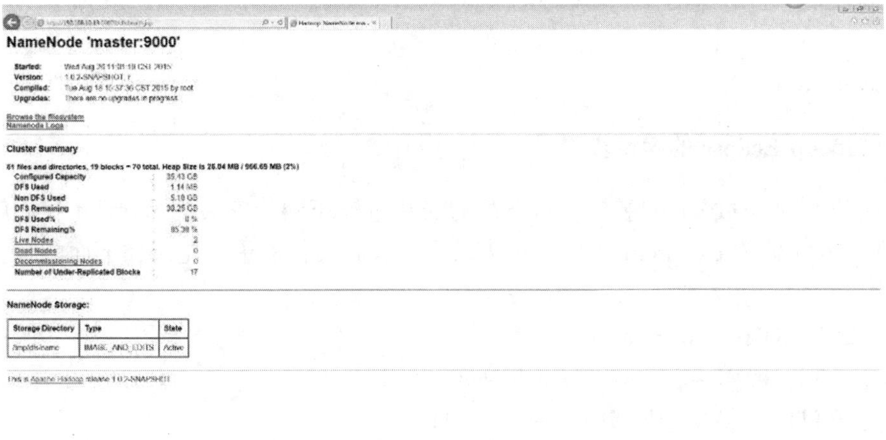

图 1.2.22　查看 master 结点上 NameNode 信息

39

1.3 Hadoop 的常用插件与开发

Hadoop 是一个强大的并行框架，它允许任务在其分布式集群上并行处理。但是编写、调试 Hadoop 程序都有很大的难度。正因为如此，Hadoop 的开发者开发出了 Hadoop Eclipse 插件，它在 Hadoop 的开发环境中嵌入 Eclipse，从而实现了开发环境的图形化，降低了编程难度。在安装插件、配置 Hadoop 的相关信息之后，如果用户创建 Hadoop 程序，插件会自动导入 Hadoop 编程接口的 JAR 文件，这样用户就可以在 Eclipse 的图形化界面中编写、调试、运行 Hadoop 程序(包括单机程序和分布式程序)，也可以在其中查看自己程序的实时状态、错误信息和运行结果，还可以查看、管理 HDFS 及其文件。总的来说，Hadoop Eclipse 插件安装简单，使用方便，功能强大，尤其是在 Hadoop 编程方面，是 Hadoop 入门和 Hadoop 编程必不可少的工具。

Hadoop Eclipse 插件有很多版本，比如 Hadoop 官方下载包中的版本、IBM 的版本等。下面将以 Hadoop 官方下载包中的插件为例介绍安装和使用方法。安装插件之前先要安装 Hadoop 和 Eclipse（这部分内容略去，直接介绍插件的安装）。需要注意的是，在 Hadoop1.0 版本中，并没有像更早版本那样，在 HADOOP_HOME/contrib/eclipse-plugin 有现成的 Eclipse 插件包，而是在 HADOOP_HOME/src/contrib/eclipse-plugin 目录下放置了 Eclipse 插件的源码。下面将详细介绍如何编译此源码生成适用于 Hadoop1.0 的 Eclipse 插件。

我们这里默认的 HADOOP_HOME=/software/hadoop-1.0.1。

1.3.1 Hadoop Eclipse 的安装环境

Windows 7
Eclipse 3.7
Java 1.7
Hadoop1.0.1

1.3.2 Hadoop Eclipse 的编译步骤

(1)首先需要下载 ant 安装包。将下载的安装包解压到待安装的目录下(我们解压到/software)，然后配置/etc/profile 中 ant 的安装目录，在文件的最末尾添加下面内容：

#Set ANT_HOME Environment
export ANT_HOME=/software/apache-ant-1.8.3
export PATH=$ANT_HOME/bin：$PATH

然后重启主机，命令如下：`reboot`

(2)将终端路径定位到 Hadoop 安装目录下，执行 ant compile。这一命令需要执行的时间稍长。

(3)在eclipse中编译生成hadoop-eclipse-plugin-1.0.1.jar。具体做法如下：

首先将＄HADOOP_HOME/src/contrib/eclipse-plugin导入eclipse工程，本例中将/opt/hadoop-1.0.1/src/contrib/eclipse-plugin目录导入eclipse。

添加完成后的项目名称为"MapReduceTools"，把hadoop-core-1.0.1.jar加入环境变量，右击项目→build path→configure buildpath，将现有的hadoop-core jar包删除（默认加入的包，已不在classpath中），然后将＄HADOOP_HOME/hadoop-core-1.0.1.jar加入classpath，如图1.3.1所示。

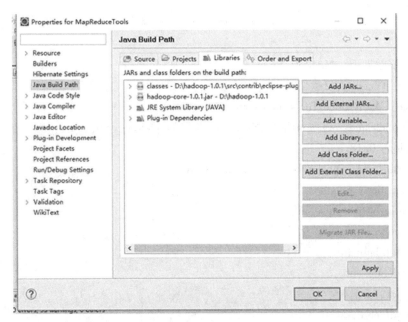

图1.3.1　Java Build Path界面

(4)修改各项配置文件

• 修改build.properties

加入eclipse的安装目录和hadoop版本号，参考内容如下：

eclipse.home ＝你的eclipse安装目录

version ＝你的hadoop版本号

个人修改后的文件内容如图1.3.2所示。

• 修改build.xml(如图1.3.3所示)

该文件需修改三处，参考如下，其中修改的地方均位于两个"<!--add by tan-->"标记的中间。

• 修改META-INF/MANIFEST.MF文件

在该文件中加入上面步骤(C)中加入的jar包：

lib/hadoop-core.jar, lib/commons-configuration-1.6.jar, lib/commons-httpclient-3.0.1.jar, lib/commons-lang-2.4.jar, lib/jackson-core-asl-1.8.8.jar, lib/jackson-mapper-asl-1.8.8.jar

```
1 output.. = bin/
2 bin.includes = META-INF/,\
3                plugin.xml,\
4                resources/,\
5                classes/,\
6                classes/,\
7                lib/
8 eclipse.home=../../../../ApplySystem/eclipse
9 version=1.0.1
```

图 1.3.2　build.properties 修改

该文件内容参考如下：Manifest-Version：1.0

Bundle-ManifestVersion：2

Bundle-Name：MapReduce Tools for Eclipse

Bundle-SymbolicName：org.apache.hadoop.eclipse；singleton：=true

Bundle-Version：0.18

Bundle-Activator：org.apache.hadoop.eclipse.Activator

Bundle-Localization：plugin

Require-Bundle：org.eclipse.ui,

　org.eclipse.core.runtime,

　org.eclipse.jdt.launching,

　org.eclipse.debug.core,

　org.eclipse.jdt,

　org.eclipse.jdt.core,

　org.eclipse.core.resources,

　org.eclipse.ui.ide,

　org.eclipse.jdt.ui,

　org.eclipse.debug.ui,

　org.eclipse.jdt.debug.ui,

　org.eclipse.core.expressions,

　org.eclipse.ui.cheatsheets,

　org.eclipse.ui.console,

　org.eclipse.ui.navigator,

　org.eclipse.core.filesystem,

　org.apache.commons.logging

Eclipse-LazyStart：true

Bundle-ClassPath：classes/,

lib/hadoop-core.jar, lib/commons-configuration-1.6.jar, lib/commons-httpclient-3.0.1.jar,
lib/commons-lang-2.4.jar, lib/jackson-core-asl-1.8.8.jar, lib/jackson-mapper-asl-1.8.8.jar

1.3 Hadoop 的常用插件与开发

```xml
 1  <?xml version="1.0" encoding="UTF-8" standalone="no"?>
 2  <project default="jar" name="eclipse-plugin">
 3    <import file="../build-contrib.xml"/>
 4    <path id="eclipse-sdk-jars">
 5      <fileset dir="${eclipse.home}/plugins/">
 6        <include name="org.eclipse.ui*.jar"/>
 7        <include name="org.eclipse.jdt*.jar"/>
 8        <include name="org.eclipse.core*.jar"/>
 9        <include name="org.eclipse.equinox*.jar"/>
10        <include name="org.eclipse.debug*.jar"/>
11        <include name="org.eclipse.osgi*.jar"/>
12        <include name="org.eclipse.swt*.jar"/>
13        <include name="org.eclipse.jface*.jar"/>
14        <include name="org.eclipse.team.cvs.ssh2*.jar"/>
15        <include name="com.jcraft.jsch*.jar"/>
16      </fileset>
17    </path>
18    <!--add by tan(1)-->
19    <path id="hadoop-lib-jars">
20        <fileset dir="${hadoop.root}/">
21            <include name="hadoop-*.jar"/>
22        </fileset>
23    </path>
24    <!--add by tan-->
```

(a) 第 1 步修改

```xml
25  <!-- Override classpath to include Eclipse SDK jars -->
26  <path id="classpath">
27    <pathelement location="${build.classes}"/>
28    <pathelement location="${hadoop.root}/build/classes"/>
29    <path refid="eclipse-sdk-jars"/>
30    <!--add by tan(2)-->
31    <path refid="hadoop-lib-jars"/>
32    <!--add by tan-->
33  </path>
34  <!-- Skip building if eclipse.home is unset. -->
35  <target name="check-contrib" unless="eclipse.home">
36    <property name="skip.contrib" value="yes"/>
37    <echo message="eclipse.home unset: skipping eclipse plugin"/>
38  </target>
39  <target name="compile" depends="init, ivy-retrieve-common" unless="skip.contrib">
40    <echo message="contrib: ${name}"/>
41    <javac
42      encoding="${build.encoding}"
43      includeantruntime="false"
44      srcdir="${src.dir}"
45      includes="**/*.java"
46      destdir="${build.classes}"
47      debug="${javac.debug}"
48      deprecation="${javac.deprecation}">
49      <classpath refid="classpath"/>
50    </javac>
51  </target>
```

(b) 第 2 步修改

```xml
52  <!-- Override jar target to specify manifest -->
53  <target name="jar" depends="compile" unless="skip.contrib">
54    <mkdir dir="${build.dir}/lib"/>
55    <!--add by tan(3)-->
56    <copy file="${hadoop.root}/hadoop-core-${version}.jar" tofile="${build.dir}/lib/hadoop-core.jar" verbose="true"/>
57      <copy file="${hadoop.root}/lib/commons-cli-1.2.jar" todir="${build.dir}/lib" verbose="true"/>
58      <copy file="${hadoop.root}/lib/commons-lang-2.4.jar" todir="${build.dir}/lib" verbose="true"/>
59      <copy file="${hadoop.root}/lib/commons-configuration-1.6.jar" todir="${build.dir}/lib" verbose="true"/>
60      <copy file="${hadoop.root}/lib/jackson-mapper-asl-1.8.8.jar" todir="${build.dir}/lib" verbose="true"/>
61      <copy file="${hadoop.root}/lib/jackson-core-asl-1.8.8.jar" todir="${build.dir}/lib" verbose="true"/>
62      <copy file="${hadoop.root}/lib/commons-httpclient-3.0.1.jar" todir="${build.dir}/lib" verbose="true"/>
63    <!--add by tan-->
64    <jar
65      jarfile="${build.dir}/hadoop-${name}-${version}.jar"
66      manifest="${root}/META-INF/MANIFEST.MF">
67      <fileset dir="${build.dir}" includes="classes/ lib/"/>
68      <fileset dir="${root}" includes="resources/ plugin.xml"/>
69    </jar>
70  </target>
71  </project>
```

(c) 第 3 步修改

图 1.3.3 在三处修改 build.xml

Bundle-Vendor：Apache Hadoop

（5）在 build.xml 中执行 ant 进行编译和打包

在该页面右击→Run As Ant Build，如图 1.3.4 所示。

图 1.3.4　ant 编译成功图

如果一切顺利，ant 编译打包完成后，将会在 ＄HADOOP_HOME/contrib/eclipse-plugin 目录下生成 hadoop-eclipse-plugin-1.0.1.jar

（6）将刚生成的 jar 包放入 eclipse 的安装目录下的 plugins 目录下，然后重启 eclipse。

1.3.3　Hadoop Eclipse 的安装步骤

（1）将 Hadoop Eclipse plugin 移动到 Eclipse 的插件文件夹（/software/eclipse/plugin）中。

（2）如果插件安装成功，重启 Eclipse，配置 Hadopp installation directory，打开 Windows→Preferences 后，在窗口左侧会有 Hadoop Map/Reduce 选项，点击此选项，在窗口右侧设置 Hadoop 安装路径，如图 1.3.5 所示。

（3）在 Eclipse 中打开 Hadoop 视图。依次选择：Window→perspective→Other，然后选择 Map/Reduced 并点击 OK。Eclipse 会出现 Hadoop 视图。左边 Project Explorer 会出现 DFS Locations，下方选项卡会出现 Map/Reduce Locations 选项卡。

（4）在下方选项卡中选 Map/Reduce Location，然后在出现的空白处右键点击选择 New Hadoop location…，这是会弹出配置 Hadoop location 的窗口。按照如图 1.3.6 所示的提示正确配置 Hadoop。

输入 Location Name，任意名称即可。配置 Map/Reduce Master 和 DFS Master，Host 和 Port 配置成与 core-ste.xml 的设置一致即可。

配置完成之后点击 finish，Map/Reduce Locations 下就会出现新配置的 Map/Reduce location。Eclipse 界面左边的 DFS location 下面也出现新配置的 DFS，点击"+"可以查看其结构。

到此，Hadoop Eclipse 插件已经安装完成，可以辅助大家开发 MapReduce 程序和管理

1.3 Hadoop 的常用插件与开发

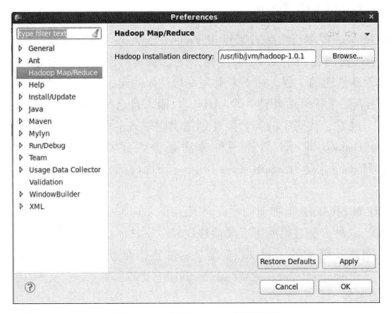

图 1.3.5　添加 hadoop 安装路径

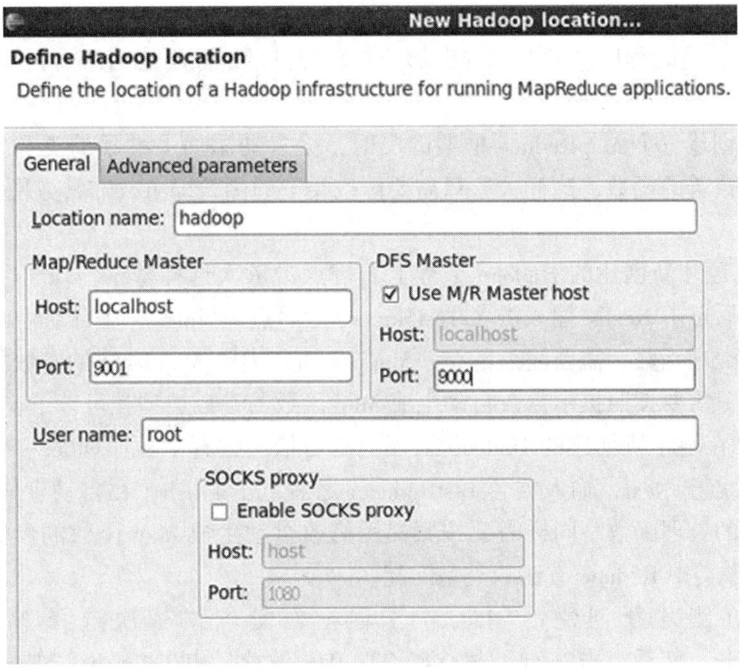

图 1.3.6　配置 hadoop

HDFS 集群。由于对 HDFS 的管理比较简单，下面仅举例介绍如何使用此插件来简化大家 MapReduce 程序的编写。

1.3.4 Hadoop Eclipse 的使用举例

首先打开 Hadoop 视图，然后右键点击 Project Explorer 空白处选择 New→Project。在创建工程向导中选择创建 Map/Reduce 工程，然后输入工程名，点击 finish，此时 Project Explore 中会出现新创建的工程。接下来就是编写具体的 MapReduce 代码了，有两种做法。一种是右键点击新建工程然后新建一个 class，并输入自己完成的 MapReduce 的代码以新建 class 代码区。注意，代码中的类名要和创建类时输入的类名相同，代码编写完之后直接选择 Run on Hadoop 即可。另外一种方法是分别建立 MapReduce Driver、Mapper、Reducer，再在 Hadoop 上运行 MapReduce Driver。下面详细介绍这两种方法。

（1）方法一

方法一是在 MapReduce 工程下创建符合 MapReduce 程序框架的普通 class 文件，然后在 Hadoop 运行。这种方法直接明了，灵活性比较高。具体步骤如下：

- 首先在刚才新创建的 Hadoop 工程上右键点击依次选择 New→class，然后点击 Next，输入类名 TestMapReduce 之后点击 finish。然后在 class 文件中输入自己的 MapReduce 框架函数。

- 然后选中 TestMapReduce 之后选择 Run on Hadoop。在输出窗口就可以看到程序在 Hadoop 上执行的实时信息。

需要注意的是，如果选择 Run as Java Application，程序会出现类似在单机模式的 Hadoop 上运行，这时程序的输入和输出都是本地的目录，而不是 HDFS 上的目录。

（2）方法二

方法二是创建三个 MapReduce 框架的类时，会自动添加上继承的类和实现的接口以及接口中需要覆盖的函数，这样大家只需要修改类中的函数即可，非常方便。具体步骤如下：

- 首先在刚才新创建的 Hadoop 工程上右键点击依次选择 New→Other→Map/Reduce→Mapper，然后点击 Next，输入类名 TestMapper 之后点击 finish。在自动生成的 Map 函数中输入自己的处理函数。需要注意的是，Mapper 抽象类中 Map 方法的参数类型和自动生成的不匹配，只需要按照提示修改自动生成 Map 函数的参数类型就可以了。

- 接下来在刚才新创建的 Hadoop 工程上右击依次选择 New→Other→Map/Reduce→Reducer，然后点击 Next，输入类名 TestReducer 之后点击 finish。在自动生成的 Reduce 函数中输入自己的处理函数。同样需要按照提示修改自动生成 Map 函数的参数类型，使其和 Reducer 抽象类中 Reduce 方法的类型匹配。

- 最后在刚才新创建的 Hadoop 工程上右键点击依次选择 New → Other → MapReduceDriver，然后点击 Next，输入类名 TestDriver 之后点击 finish。如果生成的代码中有下面两行内容：

```
conf.setInputPath(new Path("src"));
conf.setoutputPath(new Path("out"));
```

这两个内容是配置 MapReduce Job 在集群上的输入和输出路径，使用的 API 和 Hadoop 中的 API 不匹配。因此需要将这两段代码改成：

conf.setInputFormat(TextInputFormat.class);
conf.setOutputFormat(TextOutputFormat.class);

FileInputFormat.setInputPaths(conf, new Path("In"));
FileOutputFormat.setOutputPath(conf, new Path("Out"));

同时还需要确认 Map/Reduce 工程下已经创建了输入文件夹 In，且没有输出文件夹 Out。在自动生成的代码中还有下面的两行：

conf.setMapperClass(org.apache.hadoop.mapred.lib.IdentityMappper.class);
conf.setReduceClass(org.apache.hadoop.mapred.lib.IdentityReduce.class)

它们的作用是配置 MapReduce Job 中 Map 过程的执行类和 Reduce 过程的执行类，也就是前两个步骤编写的两个 Class。所以将这两行修改成下面的内容：

conf.setMapperClass(TestMapper.class);
conf.setReduceClass(TestReduce.class);

最后在 TestDriver 类名上点击右键依次选择 Run As →Run on Hadoop，并选择之前已经配置的 Hadoop server，点击 finish，接下来就可以看到 Eclipse 开始运行 TestDriver 了。这里需要注意的问题有两个：

(1) 如果任务执行失败，出错提示为 Java space heap。这主要是因为 Eclipse 执行任务时内存不够，导致任务失败，解决的办法是选中工程点击 Run→Run Configurations，点击出现窗口中间的 Arguments 选项卡，在 VM arguments 中写入：-Xms512m -Xmx512m，然后点击 Apply，接下来就可以正常执行程序了。这句话的主要作用是配置这个工程可以使用的内存最小值与最大值都是 512MB。

(2) 如何调试 MapReduce 程序，安装有 Hadoop Eclipse 插件的 Eclipse 可以调试 MapReduce 程序，调试的办法就是正常 Java 程序在 Eclipse 中的调试办法，即设置断点，启动 Debug，按步调试。

1.4 思考题

1. Hadoop 与其他软件比较的优势是什么？

2. Hadoop 集群安全策略有哪些?
3. 使用伪分布式安装配置 hadoop。
4. 学习安装与配置 Hadoop eclipse 插件,并能够进行 Linux 中的出错处理。

第 2 章 MapReduce 开发

2.1 MapReduce 计算模型

2004 年，Google 发表了一篇论文，向全世界的人们介绍了 MapReduce。现在已经到处都有人在谈论 MapReduce（微软、雅虎等大公司也不例外）。在 Google 发表论文时，MapReduce 的最大成就是重写了 Google 的索引文件系统。而现在，谁也不知道它还会取得多大的成就。MapReduce 被广泛地应用于日志分析、海量数据排序、在海量数据中查找特定模式等场景中。Hadoop 根据 Google 的论文实现了 MapReduce 这个编程框架，并将源代码完全贡献了出来。本章就是要向大家介绍 MapReduce 这个流行的编程框架。

MapReduce 的流行是有理由的。它非常简单、易于实现且扩展性强。大家可以通过它轻易地编写出同时在多台主机上运行的程序，也可以使用 Ruby、Pythod、PHP 和 C++等非 Java 类语言编写 Map 或 Reduce 程序，还可以在任何安装 Hadoop 的集群中运行同样的程序，不论这个集群有多少台主机。MapReduce 适合处理海量数据，因为它会被多台主机同时处理，这样通常会有较快的速度。

2.1.1 MapReduce 计算模型

要了解 MapReduce，首先需要了解 MapReduce 的载体是什么。在 Hadoop 中，用于执行 MapReduce 任务的机器有两个角色：一个是 JobTracker，另一个是 TaskTracker。JobTracker 是用于管理和调度工作的，TaskTracker 是用于执行工作的。一个 Hadoop 集群中只有一个 JobTracker。

2.1.1.1 MapReduce Job

在 Hadoop 中，每个 MapReduce 任务都被初始化为一个 Job。每个 Job 又可以分为两个阶段：Map 阶段和 Reduce 阶段。这两个阶段分别用两个函数来表示，即 Map 函数和 Reduce 函数。Map 函数接收一个<key, value>形式的输入，然后产生同样为<key, value>形式的中间输出，Hadoop 会负责将所有具有相同中间 key 值的 value 集合到一起传递给 Reduce 函数，Reduce 函数接收一个如<key, (list of values)>形式的输入，然后对这个 value 集合进行处理并输出结果，Reduce 的输出也是<key, value>形式的。

上面所述的过程是 MapReduce 的核心。下面举一个例子详述 MapReducede 的执行过程。

2.1.1.2 Hadoop 中的 Hello World 程序：WordCount

大家初次接触编程时学习的不论是哪种语言，看到的第一个示例程序可能都是"Hello

World"。在 Hadoop 中也有一个类似于 Hello World 的程序,这就是 WordCount。本节会结合这个程序具体讲解与 MapReduce 程序有关的所有类。这个程序的内容如下:

```java
package hadoop;
import java.io.IOException;
import java.util.StringTokenizer;

import org.apache.hadoop.conf.Configuration;
import org.apache.hadoop.fs.Path;
import org.apache.hadoop.io.IntWritable;
import org.apache.hadoop.io.Text;
import org.apache.hadoop.mapreduce.Job;
import org.apache.hadoop.mapreduce.Mapper;
import org.apache.hadoop.mapreduce.Reducer;
import org.apache.hadoop.mapreduce.lib.input.FileInputFormat;
import org.apache.hadoop.mapreduce.lib.output.FileOutputFormat;
import org.apache.hadoop.util.GenericOptionsParser;

public class WordCount {

    public static class TokenizerMapper
            extends Mapper<Object, Text, Text, IntWritable> {

        //define the constant number ONE
        private final static IntWritable one = new IntWritable(1);
        private Text word = new Text();
        public void map(Object key, Text value, Context context
                        ) throws IOException, InterruptedException {

            StringTokenizer itr = new StringTokenizer(value.toString());
            while (itr.hasMoreTokens()) {

                word.set(itr.nextToken());
                context.write(word, one);
            }
        }
    }
    public static class IntSumReducer
```

```java
        extends Reducer<Text, IntWritable, Text, IntWritable> {
    private IntWritable result = new IntWritable();
    public void reduce(Text key, Iterable<IntWritable> values,
                    Context context
                        ) throws IOException, InterruptedException {

        int sum = 0;
        for (IntWritable val : values) {
            sum += val.get();
        }
        result.set(sum);
        context.write(key, result);
    }
}
    public static void main(String[] args) throws Exception {

        Configuration conf = new Configuration();
        String[] otherArgs = new GenericOptionsParser(conf, args).getRemainingArgs();
        if (otherArgs.length != 2) {
            System.err.println("Usage: Wordcount <in> <out>");
            System.exit(2);
        }
        Job job = new Job(conf, "Word count");
        job.setJarByClass(WordCount.class);
        job.setJobName("Word count test");
        job.setMapperClass(TokenizerMapper.class);
        job.setCombinerClass(IntSumReducer.class);
        job.setReducerClass(IntSumReducer.class);
        job.setOutputKeyClass(Text.class);
        job.setOutputValueClass(IntWritable.class);
        FileInputFormat.addInputPath(job, new Path(otherArgs[0]));
        FileOutputFormat.setOutputPath(job, new Path(otherArgs[1]));
        System.exit(job.waitForCompletion(true) ? 0 : 1);
    }
}
```

同时，为了叙述方便，设定两个输入文件，如图 2.1.1 所示。

点击 DFS Locations→hadoop→user→root，然后击右键选择 Creat new directory，弹出如图 2.1.2 界面。

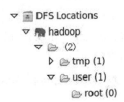

图 2.1.1　WordCount 输入文件界面

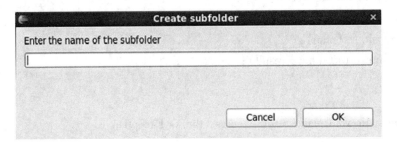

图 2.1.2　创建新目录界面

输入 input，然后点击 OK，然后选中 root 文件夹，击右键选择 Refresh。可以看到 root 文件夹中出现了 input 文件夹，如图 2.1.3 所示。

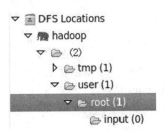

图 2.1.3　导入 input 文件夹界面

选中"input"文件夹，击右键选择"Upload files to DFS"，然后在文件系统中选择要上传到 DFS 中的文件。

我们假设这两个文件如下：

file0.txt：
Hello World Bye World
file1.txt：
Hello Hadoop Goodbye Hadoop

运行程序前配置，选中要运行的文件，击右键选择"Run As"，然后选择"Run Configurations"，弹出如图 2.1.4 所示界面：

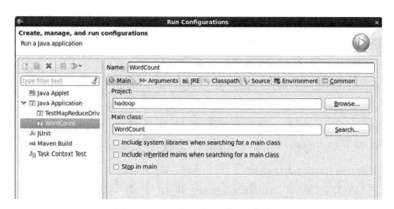

图 2.1.4　WordCount 类配置界面

选择 Java Application 下面的 WordCount，然后，选择 Arguments 选项卡，在 Program arguments 中录入输入和输出文件：/user/root/input/file * /user/root/output/WordCount，然后点击 Apply，最后点击 close。

最后，选中这个文件，击右键选择"Run As"，然后点击"Run on Hadoop"，运行结束，就会在 root 文件下生产一个 output 文件夹，在该文件下有一个 WordCount 文件夹，该文件夹下面有个 part-00000 文件就记录了程序运行的结果。运行结果如图 2.1.5 所示：

图 2.1.5　WordCount 输出结果

看到这个程序，相信很多读者会对众多的预定义类感到很迷惑。其实这些类非常简单明了。首先，WordCount 程序的代码虽多，但是执行过程却很简单，在本例中，它首先将输入文件读进来，然后交由 Map 程序处理，Map 程序将输入读入后切出其中的单词，并标记它的数目为 1，形成<word, 1>的形式，然后交由 Reduce 处理，Reduce 将相同 key 值（也就是 word）的 value 值收集起来，形成<word, list of 1>的形式，之后将这些 1 值加起来，即为单词的个数，最后将这个<key, value>对以 TextOutputFormat 的形式输出到 HDFS 中。

针对这个数据流动过程，这里挑出了如下几句代码来表述它的执行过程：

job. setJarByClass(WordCount. class);
job. setJobName("Word count test");

```
job.setMapperClass(TokenizerMapper.class);
job.setCombinerClass(IntSumReducer.class);
job.setReducerClass(IntSumReducer.class);
job.setOutputKeyClass(Text.class);
job.setOutputValueClass(IntWritable.class);
FileInputFormat.addInputPath(job, new Path(otherArgs[0]));
FileOutputFormat.setOutputPath(job, new Path(otherArgs[1]));
```

2.1.1.3 MapReducede 的执行过程(以 WordCount 程序为例)

首先讲解一下 Job 的初始化过程。Main 函数调用 JobConf 类对 MapReduce Job 进行初始化，然后调用 setJobName() 方法命名这个 Job。对 Job 进行合理的命名有助于更快地找到 job，以便在 JobTracker 和 TaskTracker 的页面中对其进行监视；接着就会调用 setInputPaths() 和 setOutputPath() 设置输入输出路径。

下面结合 WordCount 程序重点讲解 InputFormat()、OutputFormat()、Map()、Reduce() 这 4 种方法。

(1) InputFormat() 和 InputSplit()

InputSplit 是 Hadoop 中用来把输入数据传送给每个单独的 Map，InputSplit 存储的并非数据本身，而是一个分片长度和一个记录数据位置的数组。生成 InputSplit 的方法可以通过 InputFormat() 来设置。当数据传送给 Map 时，Map 会将输入分片传送到 InputFormat() 上，InputFormat() 则调用 getRecordReader() 方法生成 RecordReader，RecordReader 再通过 creatKey()、createValue() 方法创建可供 Map 处理的<key, value>对，即<k1, v1>。简而言之，InputFormat() 方法是用来生成可供 Map 处理的<key, value>对的。

Hadoop 预定义了多种方法将不同类型的输入数据转化为 Map 能够处理的<key, value>对，它们都继承自 InputFormat，分别是：

  BaileyBorweinPlouffe.BbpInputFormat
  ComposableInputFormat
  CompositeInputFormat
  DBInputFormat
  DistSum.Machine.AbstractInputFormat
  FileInputFormat

其中，FileInputFormat 又有多个子类，分别为：

  CombineFileInputFormat
  KeyValueTextInputFormat
  NLineInputFormat
  SequenceFileInputFormat
  TeraInputFormat
  TextInputFormat

其中，TextInputFormat 是 Hadoop 默认的输入方法，在 TextInputFormat 中，每个文件

(或其一部分)都会单独作为 Map 的输入,而这是继承自 FileInputFormat 的。之后,每行数据都会生成一条记录,每条记录则表示成<key,value>形式:
➢ Key 值是每个数据的记录在数据分片中的字节偏移量,数据类型是 LongWritable。
➢ Value 值是每行的内容,数据类型是 Text。
➢ 也就是说,输入数据会以如下的形式被传入 Map 中。

file01:
0 hello world bye world
file02:
0 hello hadoop bye hadoop

➢ 因此 file01 和 file02 都会被单独输入到一个 Map 中,因此它们的 key 值都是 0。
(2) OutputFormat( )
对于每一种输入格式都有一种输出格式与其对应。同样,默认的输出格式是 TextOutputFormat,这种输出方式与输入类似,会将每条记录以一行的形式存入文本文件。不过,它的键和值可以是任意形式的,因为程序内部会调用 toString( )方法将键和值转换为 String 类型再输出。最后的输出形式如下所示:

Bye 2
Hadoop 2
Hello 2
World 2

(3) Map( )和 Reduce( )
Map( )方法和 Reduce( )方法是本章的重点,从前面的内容知道,Map( )函数接收经过 InputFormat 处理所产生的<k1,v1>,然后输出<k2,v2>。WordCount 的 Map( )函数如下:

```
public static class TokenizerMapper
        extends Mapper<Object, Text, Text, IntWritable>{

    //define the constant number ONE
    private final static IntWritable one = new IntWritable(1);
    private Text word = new Text( );
    public void map(Object key, Text value, Context context
                ) throws IOException, InterruptedException {

        StringTokenizer itr = new StringTokenizer(value.toString( ));
```

```
            while (itr.hasMoreTokens()) {

                word.set(itr.nextToken());
                context.write(word, one);
            }
        }
    }
```

Map 阶段主要做的工作如下：Map 函数继承自 MapReduceBase，并且它实现了 Mapper 接口，此接口是一个泛型类型，它有 4 种形式的参数，分别用来指定 Map() 的输入 key 值类型、输入 vlaue 值类型、输出 key 值类型和输出 value 值类型。在本例中，因为使用的是 TextInputFormat，它的输入 key 值是 LongWritable 类型，输入 value 值是 Text 类型，所以 Map() 的输入类型即为<LongWritable, Text>。如前面的内容所述，在本例中需要输出<word, 1>这样的形式，因此输出 key 值类型是 Text，输出的 value 值类型是 IntWritable。

实现此接口类还需要实现 Map() 方法，Map() 方法会负责具体对输入进行操作，在本例中，Map() 方法对输入的行以空格为单位进行切分，然后使用 OutputClollect 收集输出的<word, 1>，即<k2, v2>。

下面来看 WordCount 的 Reduce 函数：

```
public static class IntSumReducer
        extends Reducer<Text, IntWritable, Text, IntWritable> {
    private IntWritable result = new IntWritable();
    public void reduce(Text key, Iterable<IntWritable> values,
                       Context context
                       ) throws IOException, InterruptedException {
        int sum = 0;
        for (IntWritable val : values) {
            sum += val.get();
        }
        result.set(sum);
        context.write(key, result);
    }
}
```

与 Map() 类似，Reduce() 函数也继承自 MapReduceBase，需要实现 Reducer 接口。Reduce() 函数以 Map() 的输出作为输入，因此 Reduce() 的输入类型是<Text, IntWritable>。而 Reduce() 的输出是单词和它的数目，因此，它的输出类型是<Text, IntWritable>。Reduce() 函数也要实现 Reduce() 方法，在此方法中，Reduce() 函数将输入

的 key 值作为输出的 key 值，然后将获得的多个 value 值加起来，作为输出的 value 值。

2.1.1.4 运行 MapReduce 程序

我们在 Eclipse 里运行 MapReduce 程序。

控制台输出的信息如下：

17/01/05 16：08：07 WARN util. NativeCodeLoader：Unable to load native-hadoop library for your platform… using builtin-java classes where applicable

17/01/05 16：08：07 WARN mapred. JobClient：No job jar file set. User classes may not be found. See JobConf(Class) or JobConf#setJar(String).

17/01/05 16：08：07 INFO input. FileInputFormat：Total input paths to process：1

17/01/05 16：08：07 INFO mapred. JobClient：Running job：job_local_0001

17/01/05 16：08：07 INFO mapred. Task： Using ResourceCalculatorPlugin：null

17/01/05 16：08：07 INFO mapred. MapTask：io. sort. mb = 100

17/01/05 16：08：07 INFO mapred. MapTask：data buffer = 79691776/99614720

17/01/05 16：08：07 INFO mapred. MapTask：record buffer = 262144/327680

17/01/05 16：08：07 INFO mapred. MapTask：Starting flush of map output

17/01/05 16：08：07 INFO mapred. MapTask：Finished spill 0

17/01/05 16：08：07 INFO mapred. Task：Task：attempt_local_0001_m_000000_0 is done. And is in the process of commiting

17/01/05 16：08：08 INFO mapred. JobClient： map 0% reduce 0%

17/01/05 16：08：10 INFO mapred. LocalJobRunner：

17/01/05 16：08：10 INFO mapred. Task：Task 'attempt_local_0001_m_000000_0' done.

17/01/05 16：08：10 INFO mapred. Task： Using ResourceCalculatorPlugin：null

17/01/05 16：08：10 INFO mapred. LocalJobRunner：

17/01/05 16：08：10 INFO mapred. Merger：Merging 1 sorted segments

17/01/05 16：08：10 INFO mapred. Merger：Down to the last merge-pass, with 1 segments left of total size：36 bytes

17/01/05 16：08：10 INFO mapred. LocalJobRunner：

17/01/05 16：08：11 INFO mapred. Task：Task：attempt_local_0001_r_000000_0 is done. And is in the process of commiting

17/01/05 16：08：11 INFO mapred. LocalJobRunner：

17/01/05 16：08：11 INFO mapred. Task：Task attempt_local_0001_r_000000_0 is allowed to commit now

17/01/05 16：08：11 INFO output. FileOutputCommitter：Saved output of task 'attempt_local_0001_r_000000_0' to hdfs：//10.139.4.127：9000/hadoop-1.0.1/tmp/output/count

17/01/05 16：08：11 INFO mapred. JobClient： map 100% reduce 0%

17/01/05 16：08：13 INFO mapred. LocalJobRunner：reduce > reduce

17/01/05 16：08：13 INFO mapred. Task：Task 'attempt_local_0001_r_000000_0' done.

```
17/01/05 16:08:14 INFO mapred.JobClient:     map 100% reduce 100%
17/01/05 16:08:14 INFO mapred.JobClient:     Job complete: job_local_0001
17/01/05 16:08:14 INFO mapred.JobClient:     Counters: 19
17/01/05 16:08:14 INFO mapred.JobClient:       Map-Reduce Framework
17/01/05 16:08:14 INFO mapred.JobClient:         Spilled Records=6
17/01/05 16:08:14 INFO mapred.JobClient:         Map output materialized bytes=40
17/01/05 16:08:14 INFO mapred.JobClient:         Reduce input records=3
17/01/05 16:08:14 INFO mapred.JobClient:         Map input records=2
17/01/05 16:08:14 INFO mapred.JobClient:         SPLIT_RAW_BYTES=122
17/01/05 16:08:14 INFO mapred.JobClient:         Map output bytes=38
17/01/05 16:08:14 INFO mapred.JobClient:         Reduce shuffle bytes=0
17/01/05 16:08:14 INFO mapred.JobClient:         Reduce input groups=3
17/01/05 16:08:14 INFO mapred.JobClient:         Combine output records=3
17/01/05 16:08:14 INFO mapred.JobClient:         Reduce output records=3
17/01/05 16:08:14 INFO mapred.JobClient:         Map output records=4
17/01/05 16:08:14 INFO mapred.JobClient:         Combine input records=4
17/01/05 16:08:14 INFO mapred.JobClient:         Total committed heap usage
                                                  (bytes)=325058560
17/01/05 16:08:14 INFO mapred.JobClient:       File Input Format Counters
17/01/05 16:08:14 INFO mapred.JobClient:         Bytes Read=21
17/01/05 16:08:14 INFO mapred.JobClient:       FileSystemCounters
17/01/05 16:08:14 INFO mapred.JobClient:         HDFS_BYTES_READ=42
17/01/05 16:08:14 INFO mapred.JobClient:         FILE_BYTES_WRITTEN=82078
17/01/05 16:08:14 INFO mapred.JobClient:         FILE_BYTES_READ=404
17/01/05 16:08:14 INFO mapred.JobClient:         HDFS_BYTES_WRITTEN=22
17/01/05 16:08:14 INFO mapred.JobClient:       File Output Format Counters
17/01/05 16:08:14 INFO mapred.JobClient:         Bytes Written=22
```

以上就是 Hadoop Job 的运行记录,从这里面可以看到,这个 Job 被赋予了一个 ID 号:job_local_0001,而且得知输入文件有两个(Total input paths to process:2),同时还可以了解 Map 的输入输出记录(record 数及字节数),以及 Reduce 的输入输出记录。比如说,在本例中,Map 的 task 数量是 2 个,Reduce 的 Task 数量是 1 个;Map 的输入 record 数是 2 个,输出 record 数是 8 个等。

2.1.1.5 新的 API

从 0.20.2 版本开始,Hadoop 提供了一个新的 API。新的 API 是在 org.apache.hadoop.mapreduce 中的,旧版的 API 则在 org.apache.hadoop.mapred 中。新的 API 不兼容旧的 API,WordCount 程序用新的 API 重写如下:

```java
package org.apache.hadoop.newapi;

import java.io.IOException;
import java.util.StringTokenizer;

import org.apache.hadoop.conf.Configured;
import org.apache.hadoop.fs.Path;
import org.apache.hadoop.io.IntWritable;
import org.apache.hadoop.io.LongWritable;
import org.apache.hadoop.io.Text;
import org.apache.hadoop.mapreduce.Job;
import org.apache.hadoop.mapreduce.Mapper;
import org.apache.hadoop.mapreduce.Reducer;
import org.apache.hadoop.mapreduce.lib.input.FileInputFormat;
import org.apache.hadoop.mapreduce.lib.input.TextInputFormat;
import org.apache.hadoop.mapreduce.lib.output.FileOutputFormat;
import org.apache.hadoop.mapreduce.lib.output.TextOutputFormat;
import org.apache.hadoop.util.Tool;
import org.apache.hadoop.util.ToolRunner;

public class WordCount extends Configured implements Tool {
    public static class Map extends Mapper<LongWritable, Text, Text, IntWritable> {
        private final static IntWritable one = new IntWritable(1);
        private Text word = new Text();
        public void map(LongWritable key, Text value, Context context)
                throws IOException, InterruptedException {
            String line = value.toString();
            StringTokenizer tokenizer = new StringTokenizer(line);
            while (tokenizer.hasMoreTokens()) {
                word.set(tokenizer.nextToken());
                context.write(word, one);
            }
        }
    }

    public static class Reduce extends Reducer<Text, IntWritable, Text, IntWritable> {
        public void reduce(Text key, Iterable<IntWritable> values, Context context)
                throws IOException, InterruptedException {
```

```java
            int sum = 0;
            for(IntWritable val : values){
                sum += val.get();
            }
            context.write(key, new IntWritable(sum));
        }
    }

    public int run(String[] args) throws Exception {
        Job job = new Job(getConf());
        job.setJarByClass(WordCount.class);
        job.setJobName("wordcount");

        job.setOutputKeyClass(Text.class);
        job.setOutputValueClass(IntWritable.class);

        job.setMapperClass(Map.class);
        job.setReducerClass(Reduce.class);

        job.setInputFormatClass(TextInputFormat.class);
        job.setOutputFormatClass(TextOutputFormat.class);

        FileInputFormat.setInputPaths(job, new Path(args[0]));
        FileOutputFormat.setOutputPath(job, new Path(args[1]));

        boolean success = job.waitForCompletion(true);
        return success? 0: 1;
    }

    public static void main(String[] args) throws Exception{
        int ret = ToolRunner.run(new WordCount(), args);
        System.exit(ret);
    }
}
```

从这个程序可以看到新旧 API 的几个区别：

(1) 在新的 API 中，Mapper 和 Reducer 已经不是接口而是抽象类。而且 Map 函数与 Reduce 函数也已经不再实现 Mapper 和 Reducer 接口而是继承 Mapper 和 Reducer 抽象类。

这样做容易扩展，因为添加方法到抽象类中更容易。

（2）新的 API 中更广泛地使用了 context 对象，并使用 MapContext 进行 MapReduce 间的通信，MapContext 同时充当 OutputCollector 和 Reporter 角色。

（3）Job 的配置统一由 Configuration 来完成，而不必额外地使用 JobConf 对守护进程进行配置。

（4）由 Job 类负责 Job 的控制，而不是 JobClient，JobClient 在新的 API 中已经被删除。

此外，新的 API 同时支持"推"和"拉"式的迭代方式。在以往的操作中，<key, value> 对是被推入到 Map 中的，但是在新的 APi 中，允许程序将数据拉入 Map 中，Reduce 也一样。这样做更加方便程序分批处理数据。

2.1.1.6　MapReduce 的数据流和控制流

前面已经提到了 MapReduce 的数据流和控制流的关系，本节将结合 WordCount 实例具体解释它们的含义。图 2.1.6 是上例中 WordCount 程序的执行流程。

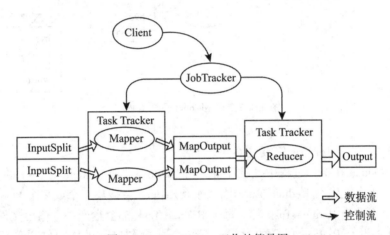

图 2.1.6　MapReduce 工作的简易图

由前面的内容知道，负责控制及调度 MapReduce 的 Job 的是 JobTracker，负责运行 MapReduce 的 Job 的是 TaskTracker。当然，MapReduce 在运行时是分成 Map Task 和 Reduce Task 来处理的，而不是完整的 Job。简单的控制流大概是这样的：JobTracker 调度任务给 TaskTracker，TaskTracker 执行任务时，会返回进度报告。JobTracker 则会记录进度的进行状况，如果某个 TaskTracker 上的执行任务失败，那么 JobTracker 会把这个任务分配给另一台 TaskTracker，直到任务执行完成。

这里更详细地解释一下数据流。上例中有两个 Map 任务及一个 Reduce 任务。数据首先按照 TextInputFormat 形式被处理成两个 InputSplit，然后输入到两个 Map 中，Map 程序会读取 InputSplit 指定位置的数据，然后按照设定的方式处理该数据，最后写入到本地磁盘中。注意，这里并不是写到 HDFS 上，虽然存储到 HDFS 上会更安全，但是因为网络传输会降低 MapReduce 任务的执行效率，因此 Map 的输出文件是写在本地磁盘上的。如果 Map 程序在没来得及将数据传送给 Reduce 时就崩溃了（程序出错或机器崩溃），那么

JobTracker 只需要另选一台机器重新执行这个 Task 就可以了。

Reduce 会读取 Map 的输出数据，合并 value，然后将它们输出到 HDFS 上。Reduce 的输出会占用很多的网络带宽，不过这与上传数据一样是不可避免的。如果大家还是不能很好地理解数据流的话，下面有一个更具体的图（WordCount 执行时的数据流），如图 2.1.7 所示。

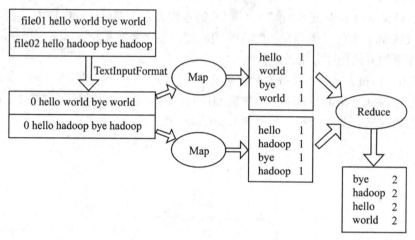

图 2.1.7 WordCount 数据流程图

除此之外，还有两种情况需要注意：

（1）MapReduce 在执行过程中往往不止一个 Reduce Task，Reduce Task 的数量是可以程序指定的。当存在多个 Reduce Task 时，每个 Reduce 会搜集一个或多个 key 值。需要注意的是，当出现多个 Reduce Task 时，每个 Reduce Task 都会生产一个输出文件。

（2）另外，没有 Reduce 任务的时候，系统会直接将 Map 的输出结果作为最终结果，同时 Map Task 的数量可以看做是 Reduce Task 的数量，即有多少个 Map Task 就有多少个输出文件。

2.1.2 MapReduce 任务的优化

MapReduce 计算模型的优化涉及了方方面面的内容，但是主要集中在两个方面：一是计算性能方面的优化；二是 I/O 操作方面的优化。这其中，又包含六个方面的内容。

（1）任务调度

任务调度是 Hadoop 中非常重要的一环，这个优化又涉及两个方面的内容。计算方面：Hadoop 总会优先将任务分配给空闲的机器，使所有的任务能公平地分享系统资源。I/O 方面：Hadoop 会尽量将 Map 任务分配给 InputSplit 所在的机器，以减少网络 I/O 的消耗。

（2）数据预处理与 InputSplit 的大小

MapReduce 任务擅长处理少量的大数据，而在处理大量的小数据时，MapReduce 的性能就会逊色很多。因此在提交 MapReduce 任务前可以对数据进行一次预处理，将数据合并以提高 MapReduce 任务的执行效率，这个办法往往很有效。如果这还不行，可以参考

Map 任务的运行时间，当一个 Map 任务只需要运行几秒可以结束时，就需要考虑是否应该给它分配更多的数据。通常而言，一个 Map 任务的运行时间在一分钟左右比较合适，可以通过设置 Map 的输入数据大小来调节 Map 的运行时间。在 FileInputFormat 中（除了 CombineFileInputFormat），Hadoop 会在处理每个 Block 后将其作为一个 InputSplit，因此合理地设置 block 块大小是很重要的调节方式。除此之外，也可以通过合理地设置 Map 任务的数量来调节 Map 任务的数据输入。

（3）Map 和 Reduce 任务的数量

合理地设置 Map 任务与 Reduce 任务的数量对提高 MapReduce 任务的效率是非常重要的。默认的设置往往不能很好地体现出 MapReduce 任务的需求，不过设置它们的数量也要有一定的实践经验。

首先要定义两个概念：Map/Reduce 任务槽。Map/Reduce 任务槽就是这个集群能够同时运行的 Map/Reduce 任务的最大数量。比如，在一个具有 1200 台机器的集群中，设置每台机器最多可以同时运行 10 个 Map 任务，5 个 Reduce 任务。那么这个集群中 Map 任务槽就是 12000，Reduce 任务槽是 6000。任务槽可以帮助对任务调度进行设置。

设置 MapReduce 任务的 Map 数量主要参考的是 Map 的运行时间，设置 Reduce 任务的数量就只需参考任务槽的设置即可。一般来说，Reduce 任务的数量应该是 Reduce 任务槽的 0.95 倍或 1.75 倍，这是基于不同的考虑来决定的。当 Reduce 任务的数量是任务槽的 0.95 倍时，如果一个 Reduce 任务失败，Hadoop 可以很快地找到一台空闲的机器重新执行这个任务。当 Reduce 任务数量是任务槽的 1.75 倍时，执行速度快的机器可以获得更多的 Reduce 任务，因此可以使负载更加均衡，以提高任务的处理速度。

（4）Combine 函数

Combine 函数是用于本地合并数据的函数。在有些情况下，Map 函数产生的中间数据会有很多是重复的，比如在一个简单的 WordCount 程序中，因为词频是接近与一个 zipf 分布的，每个 Map 任务可能会产生成千上万个 <the, 1> 记录，若将这些记录一一传送给 Reduce 任务是很耗时的。所以，MapReduce 框架运行用户写的 combine 函数用于本地合并，这会大大减少网络 I/O 操作的消耗。此时就可以利用 combine 函数先计算出这个 Block 中单词 the 的个数。合理地设计 combine 函数会有效地减少网络传输的数据量，提高 MapReduce 的效率。

在 MapReduce 程序中使用 combine 很简单，只需在程序中添加如下内容：

job.setCombinerClass(combine.class);

在 WordCount 程序中，可以指定 Reduce 类为 combine 函数，具体如下：

job.setCombinerClass(Reduce.class);

（5）压缩

编写 MapReduce 程序时，可以选择对 Map 的输出和最终的输出结果进行压缩（同时可以选择压缩方式)。在一些情况下，Map 的中间输出可能会很大，对其进行压缩可以有效地减少网络上的数据传输量。对最终结果的压缩虽然会减少数据写 HDFS 的时间，但是也会对读取产生一定的影响，因此要根据实际情况来选择。

(6) 自定义 comparator

在 Hadoop 中，可以自定义数据类型以实现更复杂的目的，比如，当读者想实现 k-means算法(一个基础的聚类算法)时可以定义 k 个整数的集合。自定义 Hadoop 数据类型时，推荐自定义 comparator 来实现数据的二进制比较，这样可以省去数据序列化和反序列化的时间，提高程序的运行效率。

2.1.3 Hadoop 流

Hadoop 流提供了一个 API，允许用户使用任何脚本语言写 Map 函数或 Reduce 函数。Hadoop 流的关键是，它使用 UNIX 标准流作为程序与 Hadoop 之间的接口。因此，任何程序只要可以从标准输入流中读取数据并且可以写入数据到标准输出流，那么就可以通过 Hadoop 流使用其他语言编写 MapReduce 程序的 Map 函数或 Reduce 函数。

举个简单的例子：(本例的运行环境：Centos6.5，Hadoop-1.0.1)

```
bin/hadoop jar contrib/streaming/hadoop-streaming-1.0.1.jar -input input -output output -mapper /bin/cat -reducer/bin/wc
```

从这个例子中可以看到，Hadoop 流引入的包是 hadoop-1.0.1-streaming.jar，并且具有如下命令：

- -input 指明输入文件路径
- -output 指明输出文件路径
- -mapper 指定 map 函数
- -reducer 制定 reduce 函数

Hadoop 流的操作还有其他参数，后面会一一列出。

2.1.3.1 Hadoop 流的工作原理

在上例中，Map 和 Reduce 都是 Linux 内的可执行文件，更重要的是，它们接收的都是标准输入(stdin)，输出的都是标准输出(stdout)。如果大家熟悉 Linux，那么对它们一定不会陌生。执行上一节中的示例程序的过程如下。

程序的输入与 WordCount 程序是一样的，具体如下：

file01：

hello world bye world

file02：

hello hadoop bye hadoop

输入命令：bin/hadoop jar contrib/streaming/hadoop-streaming-1.0.1.jar -input input

-output1 output -mapper /bin/cat -reducer /usr/bin/wc

显示(如图 2.1.8 所示):

```
[root@VM-7eee0794-25f5-44ee-b74b-e8033743d45a hadoop-1.0.1]# bin/hadoop jar cont
rib/streaming/hadoop-streaming-1.0.1.jar -input input -output output1 -mapper /
bin/cat -reducer /usr/bin/wc
packageJobJar: [/tmp/hadoop-root/hadoop-unjar8158842628576070699/] [] /tmp/strea
mjob8818298213018479787.jar tmpDir=null
15/09/24 14:11:13 INFO mapred.FileInputFormat: Total input paths to process : 2
15/09/24 14:11:17 INFO streaming.StreamJob: getLocalDirs(): [/tmp/hadoop-root/ma
pred/local]
15/09/24 14:11:17 INFO streaming.StreamJob: Running job: job_201509231544_0006
15/09/24 14:11:17 INFO streaming.StreamJob: To kill this job, run:
15/09/24 14:11:17 INFO streaming.StreamJob: /software/hadoop-1.0.1/libexec/../bi
n/hadoop job -Dmapred.job.tracker=localhost:9001 -kill job_201509231544_0006
15/09/24 14:11:17 INFO streaming.StreamJob: Tracking URL: http://localhost:50030
/jobdetails.jsp?jobid=job_201509231544_0006
15/09/24 14:11:18 INFO streaming.StreamJob:  map 0%  reduce 0%
15/09/24 14:11:50 INFO streaming.StreamJob:  map 67%  reduce 0%
15/09/24 14:11:59 INFO streaming.StreamJob:  map 100%  reduce 0%
15/09/24 14:12:11 INFO streaming.StreamJob:  map 100%  reduce 100%
15/09/24 14:12:18 INFO streaming.StreamJob: Job complete: job_201509231544_0006
15/09/24 14:12:18 INFO streaming.StreamJob: Output: output1
```

图 2.1.8 WordCount 运行显示

程序的输出是:

2   8   46

wc 命令用来统计文件中的行数、单词数与字节数,可以看到,这个结果是正确的。

Hadoop 流的工作原理并不复杂,其中 Map 的工作原理如图 2.1.9 所示(Reduce 与其相同)。

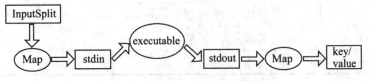

图 2.1.9 Hadoop 流的 Map 流程图

当一个可执行文件作为 Mapper 时,每一个 Map 任务会以一个独立的进程启动这个可执行文件,然后在 Map 任务运行时,会把输入切分成行提供给可执行文件,并作为它的标准输入(stdin)内容,当可执行文件运行出结果时,Map 从标准输出(stdout)中收集数据,并将其转换为<key,value>对,作为 Map 的输出。

Reduce 与 Map 相同,如果可执行文件做 Reducer 时,Reduce 任务会启动这个可执行文件,并且将<key,value>对转化为行作为这个可执行文件的标准输入(stdin)。然后 Reduce 会收集这个可执行文件的标准输出(stdout)的内容。并把每一行转化为<key,value>对,作为 Reduce 的输出。

Map 与 Reduce 将输出转化为<key,value>对的默认方法是:将每行的第一个 tab 符号

(制表符)之前的内容作为 key，之后的内容作为 value。如果没有 tab 符号，那么这一行的所有内容会作为 key，而 value 值为 null。当然这是可以更改的。

值得一提的是，可以使用 Java 类作为 Map，而用一个可执行程序作为 Reduce；或使用 Java 类作为 Reduce，而用可执行程序作为 Map。例如：

bin/hadoop jar contrib/streaming/hadoop-streaming-1.0.1.jar -input input -output output -mapper org.apache.hadoop.mapred.lib.IdentityMapper -reducer /usr/bin/wc

2.1.3.2 Hadoop 流的命令

Hadoop 流提供自己的流命令选项及一个通用的命令选项，用于设置 Hadoop 流任务。首先介绍一下流命令。

（1）Hadoop 流命令选项

Hadoop 流命令具体内容如表 2.1.1 所示。

表 2.1.1　　　　　　　　　　　　　**Hadoop 流命令**

参数	可选/必选	参数	可选/必选
-input	必选	-cmdenv	可选
-output	必选	-inputreader	可选
-mapper	必选	-verbose	可选
-reducer	必选	-lazyoutput	可选
-file	可选	-numReduce-tasks	可选
-inputformat	可选	-mapdebug	可选
-outputformat	可选	-reducedebug	可选
-partitioner	可选	-io	可选
-combiner	可选		

表 2.1.1 所示的 Hadoop 流命令中，必选的 4 个很好理解，分别用于指定输入/输出文件的位置及 Map/Reduce 函数。在其他的可选命令中，这里我们只解释常用的几个。

-file

-file 指令用于将文件加入到 Hadoop 的 Job 中。上面的例子中，cat 和 wc 都是 Linux 系统中的命令，而在 Hadoop 流的使用中，往往需要使用自己写的文件（作为 Map 函数或 Reduce 函数）。一般而言，这些文件是 Hadoop 集群中的机器上没有的，这时就需要使用 Hadoop 流中的 -file 命令将这个可执行文件加入到 Hadoop 的 Job 中。

-combiner

这个命令用来加入 combiner 程序。

-inputformat 和 -outputformat

这两个命令用来设置输入输出文件的处理方法，这两个命令后面的参数必须是 Java 类。

（2）Hadoop 流通用的命令选项

Hadoop 流的通用命令用来配置 Hadoop 流的 Job。需要注意的是，如果使用这部分配置，就必须将其置于流命令配置之前，否则命令会失败。这里简要列出命令列表（如表 2.1.2 所示），供大家参考。

表 2.1.2　　　　　　　　　　　**Hadoop 流的 Job 设置命令**

参数	可选/必选	参数
-conf	可选	-files
-D	可选	-libjars
-fs	可选	-archives
-jt	可选	

2.1.3.3　实例

从上面的内容可以知道，Hadoop 流的 API 是一个扩展性非常强的框架，它与程序相连的部分只有数据，因此可以接受任何适用于 UNIX 标准输入/输出的脚本语言，比如 Bash、PHP、Ruby、Python 等。

下面举两个非常简单的例子来进一步说明它的特性。

（1）Bash

MapReduce 框架是一个非常适合在大规模的非结构化数据中查找数据的编程模型，grep 就是这种类型的一个例子。

在 Linux 中，grep 命令用来在一个或多个文件中查找某个字符模式（这个字符模式可以代表字符串，多用正则表达式表示）。

下面尝试在如下的数据中查找带有 Hadoop 字符串的行，如图 2.1.10 所示。

创建 file01.txt 和 file02.txt 如下所示，上传这两个文件到 HDFS：

file01：

hello world bye world

hello hadoop bye world

file02：

hello hadoop bye Hadoop

新建/software/reducer.sh 文件，输入如下代码：

grep hadoop

```
[root@VM-7eee0794-25f5-44ee-b74b-e8033743d45a hadoop-1.0.1]# bin/hadoop jar cont
rib/streaming/hadoop-streaming-1.0.1.jar -input input -output output2 -mapper /b
in/cat -reducer /software/reducer.sh -file /software/reducer.sh
packageJobJar: [/software/reducer.sh, /tmp/hadoop-root/hadoop-unjar9093581636144
770263/] [] /tmp/streamjob174934288583191028.jar tmpDir=null
15/09/24 15:24:01 INFO mapred.FileInputFormat: Total input paths to process : 2
15/09/24 15:24:02 INFO streaming.StreamJob: getLocalDirs(): [/tmp/hadoop-root/ma
pred/local]
15/09/24 15:24:02 INFO streaming.StreamJob: Running job: job_201509231544_0016
15/09/24 15:24:02 INFO streaming.StreamJob: To kill this job, run:
15/09/24 15:24:02 INFO streaming.StreamJob: /software/hadoop-1.0.1/libexec/../bi
n/hadoop job  -Dmapred.job.tracker=localhost:9001 -kill job_201509231544_0016
15/09/24 15:24:02 INFO streaming.StreamJob: Tracking URL: http://localhost:50030
/jobdetails.jsp?jobid=job_201509231544_0016
15/09/24 15:24:03 INFO streaming.StreamJob:  map 0%  reduce 0%
15/09/24 15:24:34 INFO streaming.StreamJob:  map 33%  reduce 0%
15/09/24 15:24:38 INFO streaming.StreamJob:  map 67%  reduce 0%
15/09/24 15:24:44 INFO streaming.StreamJob:  map 100%  reduce 0%
15/09/24 15:24:53 INFO streaming.StreamJob:  map 100%  reduce 100%
15/09/24 15:24:59 INFO streaming.StreamJob: Job complete: job_201509231544_0016
15/09/24 15:24:59 INFO streaming.StreamJob: Output: output2
```

图 2.1.10　查找带有 Hadoop 字符串程序的运行显示

输入命令为：bin/hadoop jar contrib/streaming/hadoop-streaming-1.0.1.jar -input input -output output2 -mapper /bin/cat -reducer /software/reducer.sh -file /software/reducer.sh
结果为(如图 2.1.11 所示)：

hello hadoop bye world
hello hadoop bye hadoop

```
[root@VM-7eee0794-25f5-44ee-b74b-e8033743d45a hadoop-1.0.1]# bin/hadoop fs -cat
output2/part-00000
hello hadoop bye hadoop
hello hadoop bye world
```

图 2.1.11　查找带有 Hadoop 字符串程序的结果显示

(2) Python

对于 Python 来说，情况有些特殊。因为 Python 是可以编译为 JAR 包的，如果将程序编译为 JAR 包，那么就可以采用运行 jAR 包的方式来运行了。不过，同样也可以用流的方式运行 Python 程序。

我们的这个例子将模仿 WordCount 并使用 Python 来实现，例子通过读取文本文件来统计单词的出现次数。结果也以文本形式输出，每一行包含一个单词和单词出现的次数，两者中间使用制表符来间隔。分别如图 2.1.12 至图 2.1.14 所示。

使用 Python 编写 MapReducer 代码的技巧就在于我们使用了 HadoopStreaming 来帮助我们在 Map 和 Reduce 间传递数据通过 STDIN(标准输入)和 STDOUT(标准输出)。我们仅仅使用 Python 的 sys.stdin 来输入数据，使用 sys.stdout 输出数据，这样做是因为 HadoopStreaming 会帮我们办好其他事。

Map：mapper.py

将下列的代码保存在/software/mapper.py 中，他将从 STDIN 读取数据并将单词成行分隔开，生成一个列表映射单词与发生次数的关系：

```python
#! /usr/bin/env python

import sys

# input comes from STDIN (standard input)
for line in sys.stdin:
    # remove leading and trailing whitespace
    line = line.strip()
    # split the line into words
    words = line.split()
    # increase counters
    for word in words:
        # write the results to STDOUT (standard output);
        # what we output here will be the input for the
        # Reduce step, i.e. the input for reducer.py
        #
        # tab-delimited; the trivial word count is 1
        print '%s\t%s' % (word, 1)
```

在这个脚本中，并不计算出单词出现的总数，它将输出"<word> 1"迅速地，尽管<word>可能会在输入中出现多次，计算是留给后来的 Reduce 步骤来实现。

将代码存储在/software/reducer.py 中，这个脚本的作用是从 mapper.py 的 STDIN 中读取结果，然后计算每个单词出现次数的总和，并输出结果到 STDOUT。

Reduce：reducer.py

```python
#! /usr/bin/env python

from operator import itemgetter
import sys

current_word = None
current_count = 0
word = None

# input comes from STDIN
for line in sys.stdin:
```

```
        # remove leading and trailing whitespace
        line = line.strip()

        # parse the input we got from mapper.py
        word, count = line.split('\t', 1)

        # convert count (currently a string) to int
        try:
            count = int(count)
        except ValueError: continue
            # count was not a number, so silently
            # ignore/discard this line

        # this IF-switch only works because Hadoop sorts map output
        # by key (here: word) before it is passed to the reducer
        if current_word == word:
            current_count += count
        else:
            if current_word:
                # write result to STDOUT
                print '%s\t%s' % (current_word, current_count)
            current_count = count
            current_word = word

# do not forget to output the last word if needed!
if current_word == word:
    print '%s\t%s' % (current_word, current_count)
```

建议在运行 MapReduce job 测试前测试手工测试你的 mapper.py 和 reducer.py 脚本,以免得不到任何返回结果。

复制本地数据到 HDFS 上,一次输入如下命令(在此之前删除 hdfs 上的所有 input 和 output 目录):

```
cd /software/hadoop-1.0.1
bin/hadoop fs -mkdir input
bin/hadoop fs -put /software/file* input
```

执行 MapReduce 程序:

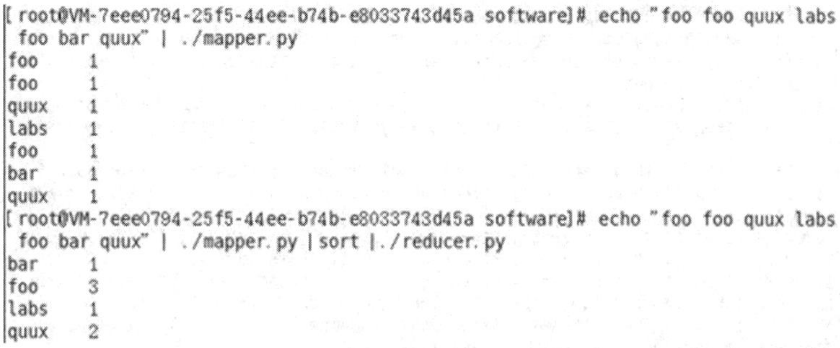

```
[root@VM-7eee0794-25f5-44ee-b74b-e8033743d45a software]# echo "foo foo quux labs
 foo bar quux" | ./mapper.py
foo     1
foo     1
quux    1
labs    1
foo     1
bar     1
quux    1
[root@VM-7eee0794-25f5-44ee-b74b-e8033743d45a software]# echo "foo foo quux labs
 foo bar quux" | ./mapper.py | sort | ./reducer.py
bar     1
foo     3
labs    1
quux    2
```

图 2.1.12　mapper.py 和 reduce.py 测试结果

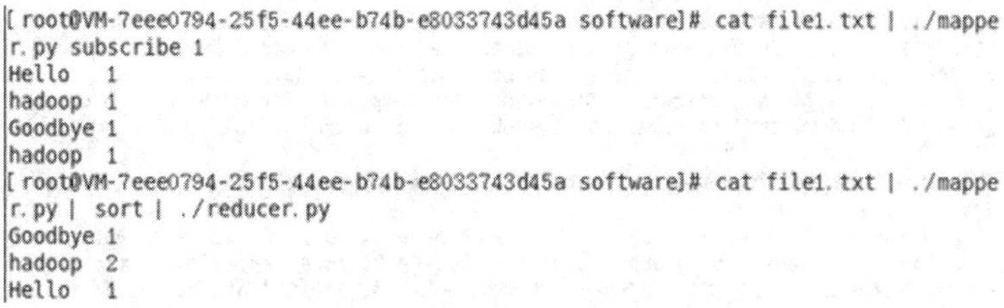

```
[root@VM-7eee0794-25f5-44ee-b74b-e8033743d45a software]# cat file1.txt | ./mappe
r.py subscribe 1
Hello    1
hadoop   1
Goodbye  1
hadoop   1
[root@VM-7eee0794-25f5-44ee-b74b-e8033743d45a software]# cat file1.txt | ./mappe
r.py | sort | ./reducer.py
Goodbye  1
hadoop   2
Hello    1
```

图 2.1.13　单词计数输出结果

bin/hadoop jar contrib/streaming/hadoop-streaming-1.0.1.jar -mapper /software/mapper.py -file /software/mapper.py -reducer /software/reducer.py -file /software/reducer.py -input input/* -output output

2.1.4　Hadoop Pipes

Hadoop Pipes 提供了一个在 Hadoop 上运行 C++程序的方法。与流不同的是，流使用的是标准输入输出作为可执行程序与 Hadoop 相关进程间通信的工具，而 Pipes 使用的是 Sockets。先看一个示例程序 wordcount.cpp

```cpp
#include "/software/hadoop-1.0.1/c++/Linux-amd64-64/include/hadoop/Pipes.hh"
#include "/software/hadoop-1.0.1/c++/Linux-amd64-64/include/hadoop/TemplateFactory.hh"
#include "/software/hadoop-1.0.1/c++/Linux-amd64-64/include/hadoop/StringUtils.hh"
#include <vector>

using namespace std;

const std::string WORDCOUNT = "WORDCOUNT";
```

```
[root@VM-7eee0794-25f5-44ee-b74b-e8033743d45a hadoop-1.0.1]# bin/hadoop jar cont
rib/streaming/hadoop-streaming-1.0.1.jar -mapper /software/mapper.py -file /soft
ware/mapper.py -reducer /software/reducer.py -file /software/reducer.py -input i
nput/* -output output
packageJobJar: [/software/mapper.py, /software/reducer.py, /tmp/hadoop-root/hado
op-unjar9048091873777896816/] [] /tmp/streamjob1289283728669452138.jar tmpDir=nu
ll
15/09/24 16:04:13 INFO mapred.FileInputFormat: Total input paths to process : 5
15/09/24 16:04:14 INFO streaming.StreamJob: getLocalDirs(): [/tmp/hadoop-root/ma
pred/local]
15/09/24 16:04:14 INFO streaming.StreamJob: Running job: job_201509231544_0019
15/09/24 16:04:14 INFO streaming.StreamJob: To kill this job, run:
15/09/24 16:04:14 INFO streaming.StreamJob: /software/hadoop-1.0.1/libexec/../bi
n/hadoop job  -Dmapred.job.tracker=localhost:9001 -kill job_201509231544_0019
15/09/24 16:04:14 INFO streaming.StreamJob: Tracking URL: http://localhost:50030
/jobdetails.jsp?jobid=job_201509231544_0019
15/09/24 16:04:15 INFO streaming.StreamJob:  map 0%  reduce 0%
15/09/24 16:04:36 INFO streaming.StreamJob:  map 40%  reduce 0%
15/09/24 16:04:51 INFO streaming.StreamJob:  map 60%  reduce 0%
15/09/24 16:04:54 INFO streaming.StreamJob:  map 80%  reduce 0%
15/09/24 16:05:00 INFO streaming.StreamJob:  map 80%  reduce 13%
15/09/24 16:05:03 INFO streaming.StreamJob:  map 100%  reduce 13%
15/09/24 16:05:06 INFO streaming.StreamJob:  map 100%  reduce 27%
15/09/24 16:05:18 INFO streaming.StreamJob:  map 100%  reduce 100%
15/09/24 16:05:24 INFO streaming.StreamJob: Job complete: job_201509231544_0019
15/09/24 16:05:24 INFO streaming.StreamJob: Output: output
[root@VM-7eee0794-25f5-44ee-b74b-e8033743d45a hadoop-1.0.1]# bin/hadoop fs -ls
Found 2 items
drwxr-xr-x   - root supergroup          0 2015-09-24 16:03 /user/root/input
drwxr-xr-x   - root supergroup          0 2015-09-24 16:05 /user/root/output
[root@VM-7eee0794-25f5-44ee-b74b-e8033743d45a hadoop-1.0.1]# bin/hadoop fs -ls o
utput
Found 3 items
-rw-r--r--   1 root supergroup          0 2015-09-24 16:05 /user/root/output/_SU
CCESS
drwxr-xr-x   - root supergroup          0 2015-09-24 16:04 /user/root/output/_lo
gs
-rw-r--r--   1 root supergroup         72 2015-09-24 16:05 /user/root/output/par
t-00000
[root@VM-7eee0794-25f5-44ee-b74b-e8033743d45a hadoop-1.0.1]# bin/hadoop fs -cat
output/part-00000
Bye     1
Goodbye 2
Hadoop  2
Hello   3
World   2
bye     3
hadoop  5
hello   3
world   3
```

图 2.1.14 单词计数输入输出运行和结果显示

```cpp
const std::string INPUT_WORDS = "INPUT_WORDS";
const std::string OUTPUT_WORDS = "OUTPUT_WORDS";

class WordCountMap : public HadoopPipes::Mapper
{
public:
    HadoopPipes::TaskContext::Counter * inputWords;
    WordCountMap(HadoopPipes::TaskContext& context)
    {
        inputWords = context.getCounter(WORDCOUNT, INPUT_WORDS);
```

```cpp
        }
        void map(HadoopPipes::MapContext& context)
        {
            vector<string> words = HadoopUtils::splitString(context.getInputValue(), " ");
            for(unsigned int i = 0; i < words.size(); ++i)
            {
                context.emit(words[i], "1");
            }
            context.incrementCounter(inputWords, words.size());
        }
    };
    class WordCountReduce : public HadoopPipes::Reducer
    {
    public:
        HadoopPipes::TaskContext::Counter * outputWords;
        WordCountReduce(HadoopPipes::TaskContext& context)
        {
            outputWords = context.getCounter(WORDCOUNT, OUTPUT_WORDS);
        }
        void reduce(HadoopPipes::ReduceContext& context)
        {
            int sum = 0;
            while(context.nextValue())
            {
                sum += HadoopUtils::toInt(context.getInputValue());
            }
            context.emit(context.getInputKey(), HadoopUtils::toString(sum));
            context.incrementCounter(outputWords, 1);
        }
    };
    int main(int argc, char * argv[])
    {
        return HadoopPipes::runTask(HadoopPipes::TemplateFactory<WordCountMap, WordCountReduce>());
    }
```

这个程序连接的是一个 C++ 库，结构类似于 Java 编写的程序。如新版 API 一样，这

第 2 章　MapReduce 开发

个程序使用 context 方法读入和收集<key，value>对。在使用时要重写 HadoopPipes 名字空间下的 Mapper 和 Reducer 函数，并用 context.emit( ) 方法输出<key，value>对。Main 函数是应用程序的入口，它调用 HadoopPipes：：runTask ( ) 方法，这个方法由一个 TemplateFactory 参数来创建 Map 和 Reduce 实例，也可以重载 factory 设置 combiner ( )、partitioner ( )、record reader、record writer。

makefile 文件内容如下：

```
HADOOP_INSTALL="/software/hadoop-1.0.1"
PLATFORM=Linux-amd64-64

CC  =  g++
CPPFLAGS = -m64 -I$(HADOOP_INSTALL)/c++/$(PLATFORM)/include

wordcount：wordcount.cpp
    $(CC) $(CPPFLAGS) $< -Wall -L$(HADOOP_INSTALL)/c++/$(PLATFORM)/lib -lhadooppipes -lcrypto -lhadooputils -lpthread -g -O2 -o $@
```

在/software 目录下建立输入文件，文件的内容如下：

file1：hello world
file1：hello hadoop

将 makefile 和 wordcount.cpp 放到同一目录下，然后在终端中输入：make，然后回车，就会在当前目录下建立一个 wordcount 可执行文件。

接着，上传可执行文件到 HDFS 上，这是为了 TaskTracker 能够获得这个可执行文件。这里上传到 bin 文件夹内。

```
bin/hadoop fs -mkdir bin
bin/hadoop fs -put /software/wordcount bin
```

上传输入文件到 HDFS，命令如下：

```
bin/hadoop fs-mkdir input
bin/hadoop fs-put /software/file* input
```

接着就输入如下命令：

bin/hadoop pipes -D hadoop.pipes.java.recordreader = true -D hadoop.pipes.java.

recordwriter=true -input input -output output -program bin/wordcount

这个程序就执行完毕了。

下面让我们看看程序的执行结果吧，如图 2.1.15 所示。

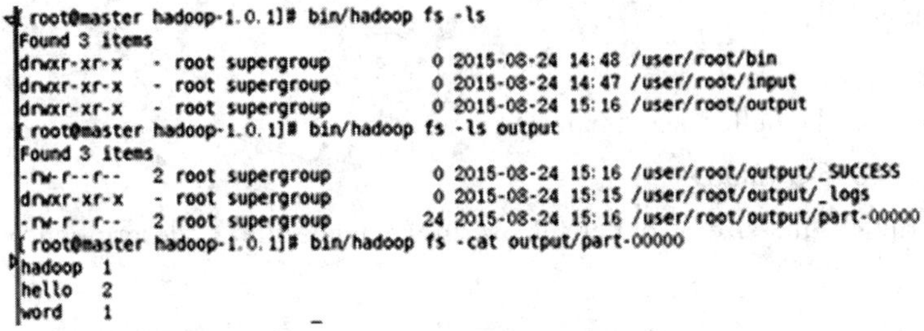

```
[root@master hadoop-1.0.1]# bin/hadoop fs -ls
Found 3 items
drwxr-xr-x   - root supergroup          0 2015-08-24 14:48 /user/root/bin
drwxr-xr-x   - root supergroup          0 2015-08-24 14:47 /user/root/input
drwxr-xr-x   - root supergroup          0 2015-08-24 15:16 /user/root/output
[root@master hadoop-1.0.1]# bin/hadoop fs -ls output
Found 3 items
-rw-r--r--   2 root supergroup          0 2015-08-24 15:16 /user/root/output/_SUCCESS
drwxr-xr-x   - root supergroup          0 2015-08-24 15:15 /user/root/output/_logs
-rw-r--r--   2 root supergroup         24 2015-08-24 15:16 /user/root/output/part-00000
[root@master hadoop-1.0.1]# bin/hadoop fs -cat output/part-00000
hadoop  1
hello   2
word    1
```

图 2.1.15　单词计数程序输出结果显示

2.2　开发 MapReduce 应用程序

在以上章节中，已经介绍了 MapReduce 模型。在本节中，将介绍如何在 Hadoop 中开发 MapReduce 的应用程序。在编写 MapReduce 程序之前，需要安装和配置开发环境。

2.2.1　系统参数的配置

2.2.1.1　通过 API 对相关组件的参数进行配置

Hadoop 有很多自己的组件(例如 Hbase 和 Chukwa 等)，每一种组件都可以实现不同的功能，并起着不同的作用，通过多种组件的配合使用，Hadoop 就能够实现非常强大的功能。这些可以通过 Hadoop 的 API 对相关参数进行配置来实现。

先简单地介绍一下 API，它被分成了以下几个部分(也就是几个不同的包)。

- org.apache.hadoop.conf：定义了系统参数的配置文件处理 API；
- org.apache.hadoop.fs：定义了抽象的文件系统 API；
- org.apache.hadoop.dfs：Hadoop 分布式文件系统(HDFS)模块的实现；
- org.apache.hadoop.mapred：Hadoop 分布式计算系统(MapReduce)模块的实现，包括任务的分发调度等；
- org.apache.hadoop.ipc：用在网络服务端和客户端的工具，封装了网络异步 I/O 的基础模块；
- org.apache.hadoop.io：定义了通用的 I/O API，用于针对网络、数据库、文件等数据对象进行读写操作等。

在此我们需要用到 org.apache.hadoop.conf 来定义系统参数的配置。Configurations 类由源来设置，每个源包含以 XML 形式出现的一系列属性/值对。每个源以一个字符串或一个路径来命名。如果是以字符串命名，则通过类路径检查该字符串代表的路径是否存在；

如果以路径命名的，则直接通过本地文件系统进行检查，而不用类路径。

这个文件中的信息可以通过以下的方式进行抽取：

下面举一个配置文件的例子：

```xml
<?xml version="1.0"?>
<configuration>
<property>
    <name>io.file.buffer.size</name>
    <value>4096</value>
    <description>the size of buffer for use in sequence file.</description>
</property>
<property>
    <name>height</name>
    <value>tall</value>
    <final>true</fianl>
</property>
</configuration>
```

这个文件中的信息可以通过以下的方式进行抽取：

```
Configuration conf = new Configuration();
conf.addResource("configuration-default.xml");
aasertThat(conf.get("hadoop.tmp.dir"), is("/tmp/hadoop-${usr.name}"));
assertThat(conf.get("io.file.buffer.size"), is("4096"));
assertThat(conf.get("height"), is("tall"));
```

2.2.1.2 多个配置文件的整合

假设还有另外一个配置文件 configuration-site.xml，其中具体代码细节如下：

```xml
<?xml version="1.0"?>
<configuration>
<property>
    <name>io.file.buffer.size</name>
    <value>5000</value>
</property>

<property>
    <name>height</name>
```

```
            <value>short</value>
            <final>true</final>
        </property>
</configuration>
```

使用两个资源 configuration-default.xml 和 configuration-site.xml 来定义配置。将资源按顺序添加到 Configuration 之中,代码如下:

```
Configuration conf = new Configuration();
conf.addResource("configuration-default.xml");
conf.addResource("|configuration-site.xml")
```

现在不同资源中有了相同属性,但是这些属性的取值却是不一样。这时这些属性的取值应该如何确定呢?可以遵循这样一个原则,后添加进来的属性取值覆盖掉前面所添加资源中的属性取值。因此,此处的属性 io.file.buffer.size 取值应该是 5000 而不是先前的 4096,即:

```
assertThat(conf.get("io.file.buffer.size"), is("5000"));
```

但是,有一个特例,被标记为 final 的属性是不能被后面定义的属性覆盖。Configuration-default.xml 中的属性 height 被标记为 final,因此在 configuration-site.xml 中重写 height 并不会成功,它依然会从 configuration-default.xml 中取值:

```
assertThat(conf.get("height"), is("tall"));
```

重写标记为 final 的属性通常会报告配置错误,同时会有警告信息被记录下来以便为诊断所用。管理员将守护进程地址文件之中的属性标记为 final,可防止用户在客户端配置文件或作业提交参数中改变其取值。

Hadoop 默认使用两个源进行配置,并按顺序加载 core-default.xml 和 core-site.xml。在实际应用中可能会添加其他的源,应按照它们添加的顺序进行加载。其中 core-default.xml 用于定义系统默认的属性,core-site.xml 用于定义在特定的地方的重写。

2.2.2 配置开发环境

Hadoop 有三种不同的运行方式:单机模式、伪分布模式、完全分布模式。三种不同的运行方式各有各的好处与不足之处:单机模式的安装与配置比较简单,运行在本地文件系统上,便于程序的调试,可及时查看程序运行的效果,但是当数据量比较大时运行的速度会比较慢,并且没有体现出 Hadoop 分布式的优点;伪分布模式同样是在本地文件系统上运行,与单机模式的不同之处在于它运行的文件系统为 HDFS,这种模式的好处是能模仿完全分布模式，看到一些分布式处理的效果；完全分布模式则运行在多台机器的 HDFS 之上，完完全全地体现出了分布式的优点，但是在调试程序方面会比较麻烦。

在实际运用中，可以结合这三种不同模式的优点，比如，编写和调试程序在单机模式和伪分布模式上进行，而实际处理大数据则在完全分布模式下进行。这样就会涉及三种不同模式的配置与管理，相关配置和管理已经在第一章进行了讲解。

2.2.3 编写 MapReduce 程序

下面将通过一个计算学生平均成绩的实例来讲解开发 MapReduce 程序的流程。程序主要包括两部分内容：Map 部分和 Reduce 部分，分别实现 Map 和 Reduce 的功能。

输入文件的内容为：

student.txt：
吴晶晶 70
林月华 90
贾晓丽 80
吴晶晶 80
吴晶晶 60
林月华 100
林月华 80
贾晓丽 95
贾晓丽 65

程序代码：

```
import java.io.IOException;
import java.util.Iterator;
import java.util.StringTokenizer;

import org.apache.hadoop.conf.Configured;
import org.apache.hadoop.fs.Path;
import org.apache.hadoop.io.IntWritable;
import org.apache.hadoop.io.LongWritable;
import org.apache.hadoop.io.Text;

import org.apache.hadoop.mapreduce.Job;
import org.apache.hadoop.mapreduce.Mapper;
import org.apache.hadoop.mapreduce.Reducer;
import org.apache.hadoop.mapreduce.lib.input.FileInputFormat;
```

```java
import org.apache.hadoop.mapreduce.lib.input.TextInputFormat;
import org.apache.hadoop.mapreduce.lib.output.FileOutputFormat;
import org.apache.hadoop.mapreduce.lib.output.TextOutputFormat;
import org.apache.hadoop.util.Tool;
import org.apache.hadoop.util.ToolRunner;


public class ScoreProcessFinal extends Configured implements Tool{
    public static class Map extends Mapper<LongWritable, Text, Text, IntWritable>{
        public void map(LongWritable key, Text value, Context context) throws IOException, InterruptedException{
            String line = value.toString();//将输入的纯文本文件的数据转化成String

            System.out.println(line);//为了便于程序的调试,输入读入的内容

            //将输入的数据先按行进行分割
            StringTokenizer tokenizerArticle = new StringTokenizer(line,"\n");
            //分别对每一行进行处理
            while(tokenizerArticle.hasMoreTokens()){
                //每行按空格划分
                StringTokenizer tokenizerLine = new StringTokenizer(tokenizerArticle.nextToken());
                String strName = tokenizerLine.nextToken();//学生姓名部分
                String strScore = tokenizerLine.nextToken();//成绩部分
                Text name = new Text(strName);
                IntWritable score = new IntWritable(Integer.parseInt(strScore));
                context.write(name, score);//输出姓名和成绩
            }
        }
    }
    public static class Reduce extends Reducer<Text, IntWritable, Text, IntWritable>{
        public void reduce(Text key, Iterable<IntWritable> values, Context context) throws IOException, InterruptedException{
            int sum = 0;
            int count = 0;
            Iterator<IntWritable> iterator = values.iterator();
```

```java
                        while(iterator.hasNext()){
                            sum += iterator.next().get();  //计算总分
                            count++;  //统计总的科目数
                        }
                        int average = (int)sum/count;  //计算平均分数
                        context.write(key, new IntWritable(average));
            }
    }
    public int run(String[] args) throws Exception{
            Job job = new Job(getConf());
            job.setJarByClass(ScoreProcessFinal.class);
            job.setJobName("Score_process");
            job.setOutputKeyClass(Text.class);
            job.setOutputValueClass(IntWritable.class);
            job.setMapperClass(Map.class);
            job.setCombinerClass(Reduce.class);
            job.setReducerClass(Reduce.class);
            job.setInputFormatClass(TextInputFormat.class);
            job.setOutputFormatClass(TextOutputFormat.class);

            FileInputFormat.setInputPaths(job, new Path(args[0]));
            FileOutputFormat.setOutputPath(job, new Path(args[1]));
            boolean success = job.waitForCompletion(true);
            return success? 0: 1;
    }
    public static void main(String[] args) throws Exception{
            int ret = ToolRunner.run(new ScoreProcessFinal(), args);
            System.exit(ret);
    }
}
```

2.2.3.1 Map 处理

Map 处理的是一个纯文本文件，此文件中存放的数据是每一行表示一个学生的姓名和他相应的一科成绩，如果有多门学科，则每个学生就存在多行数据。代码如下所示：

```java
public static class Map extends Mapper<LongWritable, Text, Text, IntWritable>{
        public void map(LongWritable key, Text value, Context context) throws IOException, InterruptedException{
```

```java
            String line = value.toString();  //将输入的纯文本文件的数据转化成String
            System.out.println(line);  //为了便于程序的调试,输入读入的内容
            //将输入的数据先按行进行分割
            StringTokenizer tokenizerArticle = new StringTokenizer(line,"\n");
            //分别对每一行进行处理
            while(tokenizerArticle.hasMoreTokens()){
                //每行按空格划分
                StringTokenizer tokenizerLine = new StringTokenizer(tokenizerArticle.nextToken());
                String strName = tokenizerLine.nextToken();  //学生姓名部分
                String strScore = tokenizerLine.nextToken();  //成绩部分
                Text name = new Text(strName);
                IntWritable score = new IntWritable(Integer.parseInt(strScore));
                context.write(name, score);  //输出姓名和成绩
            }
        }
    }
```

通过数据集进行测试,结果显示完全可以将文件中的姓名和他相应的成绩提取出来。需要解释的是:Mapper 处理的数据是由 InputFormat 分解过的数据集,其中 InputFormat 的作用是将数据集切割成小数据集 InputSplit,每一个 InputSplit 将由一个 Mapper 负责处理。此外,InputSplit 中还提供了一个 RecordReader 的实现,并将一个 InputSplit 解析成<key, value>对提供给 Map 函数。InputFormat 的默认值是 TextInputFormat,它针对文本文件,按行将文本切割成 InputSplit,并用 LineRecordReader 将 InputSplit 解析成<key, value>对, key 是行在文本中的位置,value 是文件中的一行。

本程序中的 InputFormat 使用的是默认值 TextInputFormat,因此结合上述程序的注释部分不难理解整个程序的处理流程和正确性。

2.2.3.2 Reduce 处理

Map 处理的结果会通过 partition 分发到 Reducer,Reducer 做完 Reduce 操作后,将通过 OutputFormat 输出结果,代码如下:

```java
public static class Reduce extends Reducer<Text, IntWritable, Text, IntWritable>{
    public void reduce(Text key, Iterable<IntWritable> values, Context context) throws IOException, InterruptedException{
        int sum = 0;
        int count = 0;
        Iterator<IntWritable> iterator = values.iterator();
        while(iterator.hasNext()){
```

```
            sum += iterator.next().get(); //计算总分
            count++; //统计总的科目数
        }
        int average = (int)sum/count; //计算平均分数
        context.write(key, new IntWritable(average));
    }
}
```

Mapper 最终处理的结果<key, value>对会被送到 Reducer 中进行合并,在合并的时候,有相同 key 的键/值对会被送到同一个 Reducer 上。Reducer 是所有用户定制 Reducer 类的基类,它的输入是 key 及这个 key 对应的所有 value 的一个迭代器,还有 Reducer 的上下文。Reduce 处理的结果会通过 ReducerContext 的 write 方法输出到文件中。

2.2.4 本地测试

ScoreProcessFinal 类继承于 Configured 的实现接口 Tool,上述的 Map 和 Reduce 是 ScoreProcessFinal 的内部类,它们分别实现了 Map 和 Reduce 功能,主函数存在于 ScoreProcessFinal 中。下面创建一个 ScoreProcessFinal 实例对程序进行测试。

ScoreProcessFinal 的 run() 方法的实现如下:

```
public int run(String[] args) throws Exception{
    Job job = new Job(getConf());
    job.setJarByClass(ScoreProcessFinal.class);
    job.setJobName("Score_process");
    job.setOutputKeyClass(Text.class);
    job.setOutputValueClass(IntWritable.class);
    job.setMapperClass(Map.class);
    job.setCombinerClass(Reduce.class);
    job.setReducerClass(Reduce.class);
    job.setInputFormatClass(TextInputFormat.class);
    job.setOutputFormatClass(TextOutputFormat.class);

    FileInputFormat.setInputPaths(job, new Path(args[0]));
    FileOutputFormat.setOutputPath(job, new Path(args[1]));
    boolean success = job.waitForCompletion(true);
    return success? 0: 1;
}
```

下面给出 main() 函数,对程序进行测试:

2.2 开发 MapReduce 应用程序

```
public static void main(String[] args) throws Exception{
    int ret = ToolRunner.run(new ScoreProcessFinal(), args);
    System.exit(ret);
}
```

程序在 Eclipse 中执行，用户需要在 run configuration 中设置好参数，输入文件名为 input，输出文件名为 output，如图 2.2.1 所示：

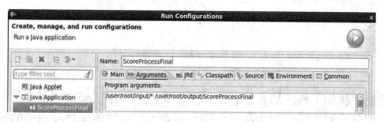

图 2.2.1 ScoreProcessFinal 配置界面

2.2.5 网络用户界面

Hadoop 自带的网络用户界面在查看工作的信息时很方便(在 http://master:50030 中能找到用户界面)。在 job 运行时，它对于跟踪 Job 工作进程很有用，同样在工作完成后查看工作统计和日志时也会很有用。

2.2.5.1 JobTracker 页面

JobTracker 页面主要包括五部分：

第一部分是 Hadoop 安装的详细信息，比如版本号、编译完成时间、JobTracker 当前的运行状态和开始时间。

第二部分是集群的一个总结信息：集群容量(用集群上可用的 Map 和 Reduce 任务槽的数量表示)及使用情况、集群上运行的 Map 和 Reduce 的数量、提交的工作量、当前可用的 TaskTracker 节点数和每个节点平均可用槽的数量。

第三部分是一个正在运行的工作日程表。打开能看到工作的序列。

第四部分显示的是正在运行、完成、失败的工作，这些显示信息通过表格来体现。表中每一行代表一个工作并且显示了工作的 ID 号、所属者、名字和进程信息。

最后一部分是页面的最下面 JobTracker 日志的链接和 JobTrakcer 的历史信息；JobTracker 运行所有工作信息。在将这些信息提交到历史页面之前，主要显示 100 个工作(可以通过 mapred.job.name 进行配置)。注意，历史记录是永久保存的，因此可以从 JobTracker 以前运行的工作中找到相关的记录。

2.2.5.2 工作页面

点击一个工作的 ID 将看到它的工作页面。在工作页面的顶部是一个关于工作的一些

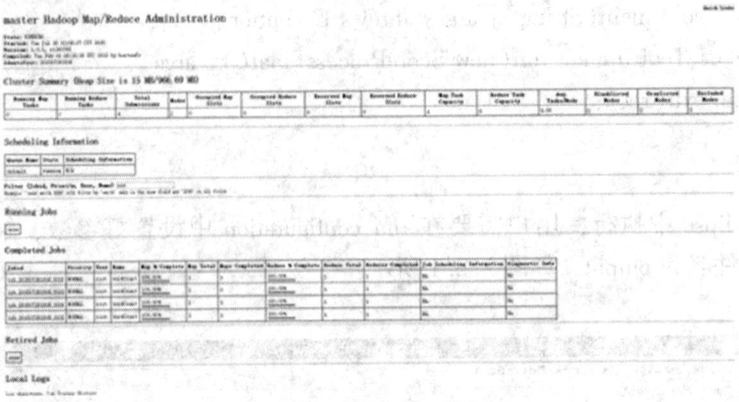

图 2.2.2　JobTracker 记录运行显示

总结性基本信息，比如工作所属者、名字、工作文件和工作已经执行了多长时间等。工作文件是工作的加强配置文件，包含在工作运行期间所有有效的属性及它们的取值。如果不确定某个属性的取值，可以点击进一步查看文件。

当工作运行时，可以在页面上监控它的进展情况，因为页面会周期性更新。在总结信息中，它显示了 Map 和 Reduce 的进展情况。“任务栏”显示了该工作的 Map 和 Reduce 任务的总数(Map 和 Reduce 各占一行)。其他列显示了这些任务的状态：“暂停”(等待执行)、“正在执行”、“完成”(运行成功)、“终止”(准确地说应该称为“失败”)，最后一列显示了失败或终止的任务所尝试的总数。

返回结果

执行完任务后，可以通过以下几种方式得到结果。

(1)通过命令行直接显示输出文件夹中的文件。

命令行如下：

```
bin/hadoop dfs -ls /user/root/output/ScoreProcessFinal
```

```
[root@VM-7eee0794-25f5-44ee-b74b-e8033743d45a hadoop-1.0.1]# bin/hadoop dfs -ls
/user/root/output/ScoreProcessFinal
Found 2 items
-rw-r--r--   3 root supergroup          0 2015-09-25 09:57 /user/root/output/Sco
reProcessFinal/_SUCCESS
-rw-r--r--   3 root supergroup         39 2015-09-25 09:57 /user/root/output/Sco
reProcessFinal/part-r-00000
```

图 2.2.3　通过命令行显示输出文件夹中文件示例

还可以具体显示每个文件中的内容，例如要显示 part-r-00000，命令如下：

```
bin/hadoop dfs -cat /user/root/output/ScoreProcessFinale/part-r-00000
```

```
[root@VM-7eee0794-25f5-44ee-b74b-e8033743d45a hadoop-1.0.1]# bin/hadoop dfs -cat
/user/root/output/ScoreProcessFinal/part-r-00000
吴晶晶    70
林月华    90
贾晓丽    80
```

图 2.2.4　显示每个文件中的内容示例

（2）将输出的文件从 HDFS 复制到本地文件系统上，在本地文件系统上查看。命令如下：

bin/hadoop dfs -get /user/root/output/ScoreProcessFinal /software/hadoop-1.0.1/output

上述命令的主要功能是将 HDFS 中目录 ScoreProcessFinal 下的所有文件复制到本地文件系统的目录/software/hadoop-1.0.1/output 下，然后就可以方便地进行查看了。

另外还可以在命令行中将多个输出文件合并成一个文件，并复制到本地文件系统中。下面就是在命令行中进行的操作：

bin/hadoop dfs -getmerge /user/root/output/ScoreProcessFinal/ * /software/hadoop-1.0.1/output

上述命令的功能就是，将 HDFS 中目录 ScoreProcessFinal 下的所有文件进行合并，然后复制到本地文件系统中的目录/usr/lib/jvm/hadoop-1.0.1/output 下。

2.2.5.3　任务页面

工作页面中的一些链接可以用来查看该工作中任务的详细信息。例如，点击"Map"链接，将看到一个页面，所有的 Map 任务信息都列在这一页上。当然，也可以只看已经完成的任务。任务页面显示信息以表格形式来体现，表中的每一行都表示一个任务，它包含了诸如开始时间、结束时间之类的信息，以及由 TaskTracker 提供的错误信息和查看单个任务的计算器的链接。同样，点击"Reduce"链接也可以看到一个页面，所有的 Reduce 任务信息都列在这一页上。同样可以只看已经完成的任务。显示的信息内容与 Map 界面的相同。

2.2.5.4　任务细节页面

在任务页面上可以点击任何任务来得到关于它的详细信息。图 2.2.5 的任务细节页面显示了每个任务的尝试情况。在这里，只有一个任务尝试并且成功完成。图中包含的表格提供了更多的有用数据，比如任务尝试是在哪个节点上运行的，同时还可以查看任务日志文件和计数器的链接。这个表中还包含"Action"列，可终止一个任务尝试的链接。默认情况下，这项功能是没有启用的，网络用户界面只是一个只读接口。将 webinterface.private.actions 设为 true 即可启用这项功能。

对于 Map 任务，有一个部分信息显示了输入的片段被分配到了哪个节点上。

第 2 章　MapReduce 开发

图 2.2.5　任务细节页面

2.2.6　性能调优

一个程序可以完成基本功能其实还不够,还有一些具有实际意义的问题需要解决,比如性能是不是足够好、有没有提高的空间等。具体来讲包括两个方面的内容:一个是时间性能;另一个是空间性能。衡量性能的指标就是,能够在正确完成功能的基础上,使执行的时间尽量短,占用的空间尽量小。

前面只是实现了程序基本应该实现的功能,对性能问题并没有加以考虑。下面就从不同的角度来简单地介绍一下提高性能的方法。

2.2.6.1　输入采用大文件

在前面的例子当中,笔者的实验数据包含 1000 个文件,在 HDFS 中共占用了 1000 个文件块,而每一个文件的大小都是 2.3MB,相对于 HDFS 块的默认大小 64MB 来说算是比较小的了。如果 MapReduce 在处理数据时,Map 阶段输入的文件较小而数量众多,就会产生很多的 Map 任务,以前面的输入为例,一共产生了 1000 个 Map 任务。每次新的 Map 任务操作都会造成一定的性能损失。针对上述 2.2GB 大小的数据,在实验环境中运行的时间大约为 33 分钟。

为了尽量使用大文件的数据,笔者对这 1000 个文件进行了一次预处理,也就是将这些数量众多的小文件合并成大一些的文件,最终将它们合并成了一个大小为 2.2GB 的大文件。然后再以这个大文件作为输入,在同样的环境中进行测试,运行的时间大约为 4 分钟。

从实验结果可以很明显地看出二者在执行时间上的差别非常大。因此为了提高性能,该对小文件做一些合理的预处理,变小为大,从而缩短执行的时间。不仅如此,合并前的众多文件在 HDFS 中占用了 1000 个块,而合并后的文件在 HDFS 中只占用了 36 个块(64MB 为一块),占用空间也相应地变小了,可谓一举两得。

另外,如果不对小文件做合并的预处理,也可以借用 Hadoop 中的 CombineFileInputFormat。它可以将多个文件打包到一个输入单元中,从而每次执行 Map 操作就会处理更多的数据。同时,CombineFileInputFormat 会考虑节点和集群的位置信息,以决定哪些文件被打包到一个单元之中,所以使用 CombineFIleInputFormat 也会是性能得到相应地提高。

2.2.6.2　压缩文件

在分布式系统中,不同节点的数据交换是影响整体性能的一个重要因素。另外在

Hadoop 的 Map 阶段所处理的输出大小也会影响整个 MapReduce 程序的执行时间。这是因为 Map 阶段的输出首先存储在一定大小的内存缓冲区中，如果 Map 输出的大小超出一定限度，Map task 就会将结果写入磁盘，等 Map 任务结束后再将它们复制到 Reduce 任务的节点上。如果数据量大，中间的数据交换会占用很多的时间。

一个提高性能的方法是对 Map 的输出进行压缩。这样会带来以下几个方面的好处：减少存储文件的空间；加快数据在网络上(不同节点间)的传输速度，以及减少数据在内存和磁盘间交换的时间。可以通过将 mapred.compress.map.output 属性设置为 true 来对 Map 的输出数据进行压缩，同时还可以设置 Map 输出数据的压缩格式，通过设置 mapred.map.output.compression.codec 属性即可进行压缩格式的设置。

2.2.6.3 过滤数据

数据过滤主要指在面对海量输入数据作业时，在作业执行之前先将数据中无用数据、噪声数据和异常数据清除。通过数据过滤可以降低数据处理的规模，较大程度地提高数据处理效率，同时避免异常数据或不规范数据对最终结果造成负面影响。

在数据处理的时候如何进行数据过滤呢？在 MapReduce 中可以根据过滤条件利用很多办法完成数据预处理中的数据过滤，比如编写预处理程序，在程序中加上过滤条件，形成真正的处理数据；也可以在数据处理任务的最开始代码处加上过滤条件；还可以使用特殊的过滤数据结果来完成过滤。下面笔者以一种在并行程序中功能强大的过滤器结构为例来介绍如何在 MapReduce 中对海量数据进行过滤。

BloomFilter 是在 1970 年由 Howard Bloom 提出的二进制向量数据结构。在保存所有集合元素特征的同时，它能在保证高效空间效率和一定出错率的前提下迅速检查一个元素是不是集合中的成员。Bloom Filter 的误报(false positive)只会发生在检测集合内的数据上，而不会对集合外的数据产生漏报(false negative)。这样每个检查请求返回有"在集合内(可能错误)"和"不在集合内(绝对不在集合内)"两种情况，可见 Bloom Filter 牺牲了极少正确率换取时间和空间，所以它不适合那些"零错误"的应用场合。在 MapReduce 中，Bloom Filter 由 Bloom Filter 类(此类继承了 Filter 类，Filter 类实现了 Writable 序列化接口)实现，使用 add(Key key)函数将一个 key 值加入 Filter，使用 membershipTest(Key key)来测试某个 key 是否在 Filter 内。

以上说明了 Bloom Filter 的大概思想，那么在实践中如何使用 Bloom Filter 呢？假设有两个表需要进行内连接，其中一个表非常大，另一个表非常小，这是为了加快处理速度和减小网络带宽，可以基于小表创建连接列上的 Bloom Filter。具体做法是先创建 Bloom Filter 对象，将小表中所有连接列上的值都保存到 Bloom Filter 中，然后开始通过 MapReduce 作业执行内连接。在连接的 Map 阶段，读小表的数据时直接输出以连接列值为 key，以数据为 value 的<key, value>对；读大表数据时，在输出前先判断当前元组的连接列值是否在 Bloom Filter 内，如果不存在就说明在后面的连接阶段不会使用到，不需要输出，如果存在就采用与小表同样的输出方式输出。最后在 Reduce 阶段，针对每个连接列值连接两个表的元组并输出结果。

大家已经知道了 Bloom Filter 的作用和使用方法，那么 Bloom Filter 具体是如何是实现的呢？又是如何保证空间很时间的高效性呢？如何用正确率换取时间和空间的呢？(基于

MapReduce 中是实现的 BloomFIlter 代码进行分析)BloomFilter 自始至终是一个 M 位的位数组:

```
private static final byte[] bitvalues = new byte[]{
    (byte)0x01,
    (byte)0x02,
    (byte)0x04,
    (byte)0x08,
    (byte)0x10,
    (byte)0x20,
    (byte)0x40,
    (byte)0x80,
}
```

它有两个重要接口,分别是 add() 和 membershipTest(),add() 负责保存集合元素的特征到位数组(类似于一个学习的过程),在保存所有集合元素特征之后可以使用 membershipTest() 来判断某个值是否是集合中的元素。

在初始状态下,Bloom Filter 的所有位都被初始化为 0。为了表示集合中的所有元素,BloomFilter 使用 k 个互相独立的 Hash 函数,它们分别将集合中的每个元素映射到(1,2,…,M)这个范围上,映射的位置作为此元素特征值的一维,并将位数组中此位置的值设置为 1,最终得到的 k 个 Hash 函数值将形成集合元素的特征值向量,同时此向量也被保存在位数组中。从获取 k 个 Hask 函数值到修改对应位数组值,这就是 add 接口所完成的任务。

```
public void add(key key){
    if(key == null){
        throws new NullPointerException("key cannot be null");
    }
    Int[] h = hash.hash(key);
    hash = clear();
    for(int i=0; i<nbhash; i++){
        bits.set(h[i]);
    }
}
```

利用 add 接口将所有集合元素的特征值向量保存到 Bloon Filter 之后,就可以使用此过滤器也就是 membershipTest 接口来判断某个值是否是集合元素。在判断时,首先还是计算待判断值的特质值向量,也就是 k 个 Hash 函数值,然后判断特征值向量每一维对应的为数组位置上的值是否是 1,如果全部是 1,那么 membershipTest 返回 true,否则返回 false,这就是判断值是否存在于集合中的原理。

```
public Boolean membershipTest(key key){
    if(key == null){
        throw ner NullPointerException("key cannot be null");
}

Int[ ] h = hash.hash(key);

Hash.clear();

for(int i=0; i<nbHash; i++){
    if(! hits.get(h[i])){
        return false;
    }
}

Return true;
}
```

从上面 add 接口和 membershipTest 接口实现的原理可以看出，正是 Hash 函数冲突的可能性导致误判的可能。由于 Hash 函数冲突，两个值的特征值向量也有可能冲突（k 个 Hash 函数全部冲突）。如果两个值中只有一个是集合元素，那么该值的特征值向量会保存在位数组中，从而在判断另外一个非集合元素的值时，会发现该值的特征值向量已经保存在位数组中，最终返回 true，形成误判。那么都有哪些因素影响了错误率呢？通过上面的分析可以看出，Hash 函数的个数和位数组的大小影响了错误率。位数组越大，特征值向量冲突的可能性越小，错误率也小。在位数组大小一定的情况下，Hash 函数个数越多，形成的特征值向量维数越多，冲突的可能性越小；但是维数越多，占用的位数组位置越多，又提高了冲突的可能性。所以在实际应用中，在使用 BloomFilter 时应根据实际需要和一定的估计来确定合适的数组规模和哈希函数规模。

通过上面的介绍和分析可以发现，在 Bloom Filter 中插入元素和查询值都是 O(1) 的操作；同时它并不保存元素而是采用位数组保存特征值，并且每一位都可以重复利用。所以同集合、链表和树等传统方法相比，Bloom Filter 无疑在时间和空间性能上都极为优秀。但错误率限制了 Bloom Filter 的使用场景，只允许误报（false positive）的场景；同时由于一位多用，因此 Bloom Filter 并不支持删除集合元素，在删除某个元素时可能会同时删除另外一个元素的部分特征值。图 2.2.6 是一个简单的例子，既说明 Bloom Filter 的实现过程，又说明了错误发生的原因（步骤⑤判断的值是包含在集合中的，但是返回值为 true）。

2.2.6.4 修改作业属性

属性 mapred.tasktracker.map.tasks.maximum 的默认值是 2，属性 mapred.tasktracker.reduce.tasks.maximum 的默认值也是 2，因此每个节点上实际处于运行状态的 Map 和

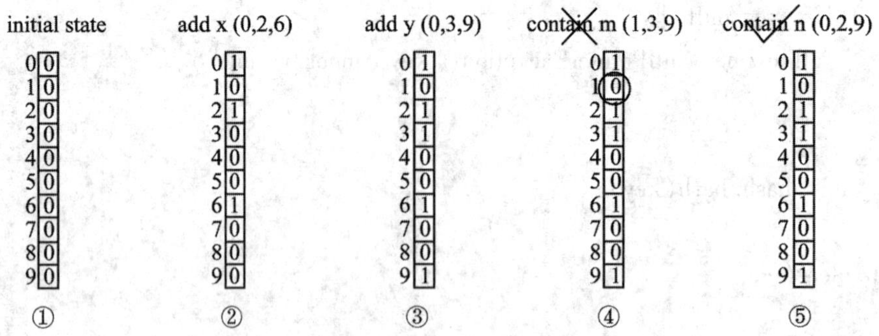

图 2.2.6　Bloom Filter 实现过程图

Reduce 的任务数最多为 2，而较为理想的数组应在 10~100 之间。因此，在 conf 目录下修改属性 mapred.tasktracker.map.tasks.maximum 和 mapred.tasktracker.reduce.tasks.maximum 的取值，将它们设置为一个较大的值，使得每个节点上同时运行的 Map 和 Reduce 任务数增加，从而缩短运行的时间，提高整体的性能。

例如下面的修改：

```
<property>
    <name>mapred. tasktracker. map. tasks. maximum</name>
    <value>10</value>
    <description>
        The maximum number of map tasks that will be run simultaneously by a task tracker.
    </description>
</property>

<property>
    <name>mapred. tasktracker. reduce. tasks. maximum</name>
    <value>10</value>
    <description>
        the maximum number of reduce tasks that will be run simultaneously by a task tracker
    </description>
</property>
```

2.2.7　MapReduce 工作流

到目前为止，已经讲述了使用 MapReduce 编写程序的机制。不过还没有讨论如何将数据处理问题转化为 MapReduce 模型。

数据处理只能解决一些非常简单的问题。如果处理过程变得复杂了,这种复杂性会通过更加复杂、完善的 Map 和 Reduce 函数,甚至更多的 MapReduce 工作来体现。下面简单介绍一些比较复杂的 MapReduce 编程知识。

2.2.7.1 复杂的 Map 和 Reduce 函数

从前面 Map 和 Reduce 函数的代码很明显可以看出,Map 和 Reduce 都继承自 MapReduce 自己定义好的 Mapper 和 Reducer 基类,MapReduce 框架根据用户继承 Mapper 和 Reducer 后的衍生类和类中覆盖的核心函数来识别用户定义的 Map 处理阶段和 Reduce 处理阶段。所以只有用户继承这些类并且实现其中的核心函数,提交到 MapReduce 框架上的作业才能按照用户的意愿别解析出来并执行。前面介绍的 MapReduce 作业仅仅继承并覆盖了基类中的核心函数 Map 或 Reduce,下面介绍基类中的其他函数,使大家能够编写功能更加复杂、控制更加完备的 Map 和 Reduce 函数。

(1) setup 函数

此函数在基类中的源码如下:

```
/**
 * Called once at the start of the task
 */
Protected void setup(Context context) throws IOException, InterruptedException{
    //NOTHING
}
```

从上面的注释可以看出,setup 函数是在 task 启动开始就调用的。在这里先温习一下 task 的知识。在 MapReduce 中作业会被组织成 Map task 和 Reduce task。每个 task 都以 Map 类或 Reduce 类为处理方法主体,输入分片为处理方法的输入,自己的分片处理完之后 task 也就销毁了。从这里可以看出,setup 函数在 task 启动之后数据处理之前只调用一次,而覆盖的 Map 函数或 Reduce 函数会针对输入分片中的每个 key 调用一次。所以 setup 函数可以看做 task 上的一个全局处理,而不像在 Map 函数或 Reduce 函数中,处理只对当前输入分片中的正在处理数据产生作用。利用 setup 函数的特征,大家可以将 Map 或 Reduce 函数中的重复处理放置到 setup 函数中,可以将 Map 或 Reduce 函数处理过程中可能使用到的全局变量进行初始化,或从作业信息中获取全局变量,还可以监控 task 的启动。需要注意的是,调用 setup 函数只是对应 task 上的全局操作,而不是整个作业的全局操作。

(2) cleanup 函数

cleanup 函数在基类中的源码如下:

```
/**
 * Called once at the end of the task
 */
```

```
Protected void cleanup(Context context) throws IOException, InterruptedException{
    //NOTHING
}
```

从这个函数的注释中可以看到,它跟 setup 函数相似,不同之处在于 cleanup 函数是在 task 销毁之前执行的。它的作用和 setup 也相似,区别仅在于它的启动处在 task 销毁之前,所以不再赘述 cleanup 的作用。大家应根据具体使用环境和这两个函数的特点,做出恰当的选择。

(3) run 函数

run 函数在基类中的源码如下:

```
/**
 * Expert users can overrider this method for more complete control over the execution of
 * the Mapper.
 * @param context
 * @throws IOException
 */
public void run(Context context) throws IOException, InterruptedException{
    setup(context);
    while(context.nextKeyValue()){
        map(context.getCurrentKey(), context.getCurrentValue(), context);
    }
    Cleanup(context);
}
```

从上面函数的主体内容和代码的注释可以看出,此函数是 Map 类或 Reduce 类的启动方法:先调用 setup 函数,然后针对每个 key 调用一次 Map 函数或 Reduce 函数,最后销毁 task 之前在调用 cleanup 函数。这个 run 函数将 Map 阶段和 Reduce 阶段的代码过程呈现给了大家。正如注释中所说,如果想更加完备地控制 Map 或者 Reduce 阶段,可以覆盖此函数,并像普通的 Java 类中的函数一样添加自己的控制内容,比如增加自己的 task 启动之后和销毁之前的处理,或者在 while 循环内外再定义自己针对每个 key 的处理内容,甚至可以对 Map 和 Reduce 函数处理结果进行进一步的处理。

2.2.7.2 MapReduce Job 中全局共享数据

在编写 MapReduce 代码的时候,经常会遇到这样的困扰:全局变量应该如何保存? 如何让每个处理都能获取保存的这些全局变量? 在编程过程中全局变量的使用是不可避免的,但是在 MapReduce 中直接使用代码级别的全局变量是不现实的。这主要是因为继承 Mapper 基类的 Map 阶段类的运行和继承 Reducer 基类的 Reduce 阶段类的运行都是独立的,并不像代码看起来那样会共享同一个 Java 虚拟机的资源。下面介绍几种在

MapReduce 编程中相对有效的设置全局共享数据的方法。

(1) 读写 HDFS 文件

在 MapReduce 框架中，Map task 和 Reduce task 都运行在 Hadoop 集群的节点上，所以 Map task 和 Reduce task、甚至不同的 Job 都可以通过读写 HDFS 中预定好的同一个文件来实现全局共享数据。具体实现是利用 Hadoop 的 Java API 来完成的。需要注意的是，针对多个 Map 或 Reduce 的写操作会产生冲突，覆盖原有数据。

这种方法的优点是能够实现读写，也比较直观；而缺点是要共享一些很小的全局数据也需要使用 I/O，这将占用系统资源，增加作业完成的资源消耗。

(2) 配置 Job 属性

在 MapReduce 执行过程中，task 可以读取 Job 属性。基于这个特性，大家可以在任务启动之初利用 Configuration 类中的 set(String name, String value) 将一些简单的全局数据封装到作业的配置属性中，然后在 task 中再利用 Configuration 类中的 get(String name) 获取配置到属性中的全局数据。这种方法的优点是简单，资源消耗小；缺点是对量比较大的共享数据显得比较无力。

(3) 使用 DistributedCache

DistributedCache 是 MapReduce 为应用提供缓存文件的只读工具，它可以缓存文本文件、压缩文件和 jar 文件等。在使用时，用户可以在作业配置时使用本地或 HDFS 文件的 URL 来将其设置成共享缓存文件。在作业启动之后和 task 启动之前，MapReduce 框架会将可能需要的缓存文件复制到执行任务节点的本地。这种方法的优点是每个 Job 共享文件只会在启动之后复制一次，并且它适用于大量的共享数据；而缺点是它是只读的。下面举一个简单的例子说明如何使用 DistributedCache。

- 将要缓存的文件复制到 HDFS 上。

```
hadoop fs -copyFromLocal lookup /myapp/lookup
```

- 启用作业的属性配置，并设置待缓存文件。

```
Configuration conf = new Configuration();
DistributedCache.addCacheFile(new URI("/myapp/lookup #lookup"), conf);
```

- 在 Map 函数中使用 DistributedCache。

```
public static class Map extends Mapper<Object, Text, Text, Text>{
    private Path[] localArchives;
    private Path[] localFiles;
    public void setup(Context context) throws IOException, InterruptedException{
//获取缓存文件
Configuration conf = context.getConfiguration();
```

```
localArchives = DistributedCache.getLocalCacheArchives(conf);
localFiles = DistributedCache.getLocalCacheFiles(conf);
}
Public void mao(K key, V value, Context context) throws IOException{
//使用从缓存文件中获取的数据
Context.collect(key, value);
}
}
```

2.2.7.3 连接 MapReduce Job

(1) 线性 MapReduce Job 流

MapReduce Job 也是一个程序，作为程序就是将输入经过处理在输出。所以在处理复杂问题的时候，如果一个 Job 不能完成，最简单的办法就是设置多个有一定顺序的 Job，每个 Job 以前一个 Job 的输出作为输入，经过处理，将数据再输出到下一个 Job 中。这样 Job 流就能按照预定的代码处理数据，达到预期的目的。这种办法的具体实现非常简单：将每个 Job 的启动代码设置成只有上一个 Job 结束之后才执行，然后将 Job 的输入设置成上一个 Job 的输出路径。

(2) 复杂 MapReduce Job 流

第一种方法非常直观简单，但是在某些复杂任务下它仍然不能满足需求。一种情况是处理过程中数据流并不是简单的线性流，如 Job3 需要将 Job1 和 Job2 的输出结果组合起来进行处理。在这种情况下 Job3 的启动依赖于 Job1 和 Job2 的完成，但是 Job1 和 Job2 之间并没有关系。针对这种复杂情况，MapReduce 框架提供了让用户将 Job 组织成复杂 Job 流的 API-ControlledJob 类和 JobControl 类（这两个类属于 org.apache.hadoop.mapreduce.lib.jobcontrol 包）。具体做法是：先按照正常情况配置各个 Job，配置完成后再将各个 Job 封装到对应 ControlledJob 对象中，然后使用 ControlledJob 的 addDependingJob() 设置依赖关系，接着在实例化一个 JobCotrol 对象，并使用 addJob() 方法将所有的 Job 注入 JobControl 对象中，最后使用 JobControl 对象的 run 方法启动 Job 流。

(3) Job 设置预处理和后处理过程

对于前面已经介绍的复杂任务的例子，使用前面的两种方法能很好地解决。现在假设另一种情况，在 Job 处理前和处理后需要做一些简单地处理，这种情况使用第一种方法仍能解决，但是如果针对这些简单的处理设置新的 Job 来处理稍显笨拙，这里涉及第三种情况，通过在 Job 前或后链接 Map 过程来解决预处理和后处理。比如，在一般统计词频的 Job 中，并不会统计那些无意义的单词(a、an 和 the 等)，这就需要在正式的 Job 前链接一个 Map 过程过滤掉这些无意义的单词。这种方法具体是通过 MapReduce 中 org.apache.hadoop.mapred.lib 包下的 ChainMapper 和 ChainReducer 两个静态类来实现的，这种方法最终形成的是一个独立的 Job，而不是 Job 流，并且只有针对 Job 的输入输出流，各个阶段函数之间的输入输出 MapReduce 框架会自动组织。下面是一个具体的实例：

...
Configuration conf = new Configuration();
JobConf job = new JobConf(conf);
job.setJobName("Job");

job.setInputFormatClass(TextInputFormat.class);
job.setOutputKeyClass(Text.class);
job.setOutputValueClass(IntWritable.class);
FileInputFormat.setInputPaths(job, new Path(args[0]));
FIleOutputFormat.setOutputPath(job, new Path(args[1]));

JobConf maplConf = new JobConf(false);
ChainMapper.addMapper(job, Map1.class, LongWritable.class, Text.class, Text.class, Text.class, true, maplConf);

JobConf map2Conf = new JobConf(false);
ChainMapper.addMapper(job, Map2.class, Text.class, Text.class, LongWritable.class, Text.class, true, map2Conf);

JobConf reduceConf = new JobConf(false);
ChainReducer.setReducer(job, Reduce.class, LongWritable.class, Text.class, Text.class, Text.class, true, reduceConf);

JobConf map3Conf = new JobConf(false);
ChainReducer.addMapper(job, Map3.class, Text, class, Text.class, LongWritable.class, Text.class, true, map3Conf);

jobClient.runJob(job);

在这个例子中，job 对象先组织了作业全局的配置，接下来再使用 ChainMapper 和 ChainReducer 两个静态类的静态方法设置了作业的各个阶段函数。需要注意的是，ChainMapper 和 ChainReducer 到目前为止只支持旧 API，即 Map 和 Reduce 必须是实现 org.apache.hadoop.mapred.Mapper 接口的静态类。

2.3 MapReduce 应用案例

前面已经介绍了很多关于 MapReduce 的基础知识，比如 Hadoop 集群的配置方法，以及如何开发 MapReduce 应用程序等。本节将向大家介绍如何挖掘实际问题的并行处理可能性，以及如何设计编写 MapReduce 程序。需要说明的是，本节所有给出的代码均使用 Hadoop 最新的 API 编写、在伪分布集群的默认设置下运行通过，其 Hadoop 版本为 1.0.1，JDK 的版本是 1.6.。本节旨在帮助刚接触 MapReduce 的读者入门。

2.3.1 单词计数

进入云计算在线监测平台后的第一个编程题目是 WordCount，也就是文本中的单词计数。如同 Java 中的"Hello World"经典程序一样，WordCount 是 MapReduce 的入门程序。虽然此例在本书中的其他章节也有涉及，但是本节主要从如何挖掘此问题中的并行处理可能性角度出发，让读者了解设计 MapReduce 程序的过程。

2.3.1.1 实例描述

计算出文件中每个单词的频数。要求输出结果按照单词的字母顺序进行排序。每个单词和其频数占一行，单词和频数之间有间隔。

比如，输入一个文件，其内容如下：

hello world

hello hadoop

hello mapreduce

对应上面给出的输入样例，其输出样例为：

hadoop 1

hello   3

mapreduce 1

world 1

2.3.1.2 设计思路

这个应用实例的解决方案很直接，就是将文件内容切分为单词，然后将所有相同的单词聚集在一起，最后计算单词出现的次数并输出。根据 MapReduce 并行程序设计原则可知，解决方案中的内容切分步骤和数据不相关，可以并行化处理，每个获得原始数据的机器只要将输入数据切分单词就可以了。所以可以在 Map 阶段完成单词切分任务。另外，相同单词的频数计算也可以并行化处理。由实例要求来看，不同单词之间的频数不相关，所以可以将相同的单词交给一台机器来计算频数，然后输出最终结果。这个过程可以在 Reduce 阶段完成。至于将中间结果根据不同单词分组再分发给 Reduce 机器，这正好是 MapReduce 过程中的 shuffle 能够完成的。至此，这个实例的 MapReduce 程序就设计出来了。Map 阶段完成有输入数据到单词切分的工作，shuffle 阶段完成相同单词的聚集和分发工作（这个过程是 MapReduce 的默认过程，不用具体配置），Reduce 阶段负责接收所有单词并计算其频数。MapReduce 中传递的数据都是<key，value>形式的，并且 shtffle 排序聚集分发都是按照 key 值进行的，因此将 Map 的输出设计成由 word 作为 key、1 作为 value 的形式，这表示单词 word 出现了一次（Map 的输入采用 Hadoop 默认的输入方式：文件的一行作为 value，行号作为 key）。Reduce 的输出会涉及成与 Map 输出相同的形式，只是后面的数字不再固定是 1，而是具体算出的 word 所对应的频数。下面给出笔者实验的 WordCount 代码。

2.3.1.3 程序代码

```java
package org.apache.hadoop.five;

import java.io.IOException;
import java.util.StringTokenizer;

import org.apache.hadoop.conf.Configuration;
import org.apache.hadoop.fs.Path;
import org.apache.hadoop.io.IntWritable;
import org.apache.hadoop.io.Text;
import org.apache.hadoop.mapreduce.Job;
import org.apache.hadoop.mapreduce.Mapper;
import org.apache.hadoop.mapreduce.Reducer;
import org.apache.hadoop.mapreduce.lib.input.FileInputFormat;
import org.apache.hadoop.mapreduce.lib.output.FileOutputFormat;
import org.apache.hadoop.util.GenericOptionsParser;

public class WordCount {

    //继承 Mapper 接口,设置 map 的输入类型为<Object, Text>;输出类型为<Text, IntWritable>
    public static class TokenizerMapper extends Mapper<Object, Text, Text, IntWritable>{
        //one 表示单词出现一次
        private final static IntWritable one = new IntWritable(1);
        //word 用于存储切下的单词
        private Text word = new Text();

        public void map(Object key, Text value, Context context) throws IOException, InterruptedException{
            StringTokenizer itr = new StringTokenizer(value.toString()); //对输入的行切词
            while(itr.hasMoreTokens()){
                //切下的单词存入 word
                word.set(itr.nextToken());
                context.write(word, one);
            }
        }
    }
}
```

//继承 Reducer 接口,设置 Reduce 的输入类型为<Text,IntWritable>,输出类型为
<Text,IntWritable>
```java
public static class IntSumReducer extends Reducer<Text,IntWritable,Text,IntWritable>{
    //result 记录单词的频数
    private IntWritable result = new IntWritable();

    public void reduce(Text key, Iterable<IntWritable> values, Context context) throws IOException, InterruptedException{
        int sum = 0;
        //对获取的<key,value-list>计算 value 的和
        for(IntWritable val : values){
            sum += val.get();
        }
        //将频数设置到 result 中
        result.set(sum);
        //收集结果
        context.write(key, result);
    }
}


public static void main(String[] args) throws Exception{
    Configuration conf = new Configuration();
    //检查运行命令
    String[] otherArgs = new GenericOptionsParser(conf, args).getRemainingArgs();
    if(otherArgs.length != 2){
        System.err.println("Usage:wordcount<in><out>");
        System.exit(2);
    }
    //配置作业名
    Job job = new Job(conf, "word count");
    //配置作业的各个类
    job.setJarByClass(WordCount.class);
    job.setMapperClass(TokenizerMapper.class);
    job.setCombinerClass(IntSumReducer.class);
    job.setReducerClass(IntSumReducer.class);
    job.setOutputKeyClass(Text.class);
    job.setOutputValueClass(IntWritable.class);
```

FileInputFormat. addInputPath(job, new Path(otherArgs[0]));
　　FileOutputFormat. setOutputPath(job, new Path(otherArgs[1]));
　　System. exit(job. waitForCompletion(true)? 0: 1);
　}
}

2.3.1.4　代码解读

WordCount 程序在 Map 阶段接收输入的<key, value>(key 是当前输入的行号, value 是对应行的内容), 然后对此行内容进行切词, 每切下一个词就将其组织成<word, 1>的形式输出, 表示 word 出现了一次。

在 Reduce 阶段, TaskTracker 会接收到<word, {1, 1, 1, 1…}>形式的数据, 也就是特定单词及其出现次数的情况, 其中"1"表示 word 的频数。所以 Reduce 每接受一个<word, {1, 1, 1, 1…}>, 就会在 word 的频数上加 1, 最后组织成<word, sum>的形式直接输出。

程序执行

这里我们将讲两种运行程序的方式(程序默认使用第一种方式运行, 但是第二种方式也要掌握)

- 第一种方式：在 Eclipse 中运行

将两个输入文件上传到 DFS 文件系统中。

file1 的内容是：

　　hello world

file2 的内容是：

　　hello hadoop

　　hello mapreduce

在 Eclipse 运行该程序, 在运行之前, 先来配置一下输入, 输出文件, 选择要运行的文件, 然后点击 Run As→Run Configurations, 选择要配置的文件, 选择 Arguments 选项卡, 然后在 Program arguments: 中输入"/user/root/input/file * /user/root/output/WordCount", 点击右下角的 Apply, 最后关闭该窗口。然后运行改文件。

- 第二种方式：在命令行模式下运行

运行条件：将 WordCount. java 文件放在 Hadoop 安装目录下, 并在目录下创建输入目录 input 和 WordCount, 目录下有输入文件 file1、file2。其中：

file1 的内容是：

　　hello world

file2 的内容是：

　　hello hadoop

　　hello mapreduce

准备好之后, 在命令行输入命令运行。下面对执行的命令进行介绍。

(1)在集群上创建输入文件夹：`bin/hadoop fs -mkdir input`

```
[root@master hadoop-1.0.1]# bin/hadoop fs -mkdir input
[root@master hadoop-1.0.1]# bin/hadoop fs -ls
Found 1 items
drwxr-xr-x   - root supergroup          0 2015-08-21 11:51 /user/root/input
```

图 2.3.1　创建输入文件夹示例

（2）上传本地目录 input 下前四个字符为 file 的文件到集群上的 input 目录：bin/hadoop fs -put input/file * input

```
[root@master hadoop-1.0.1]# bin/hadoop fs -put input/file* input
[root@master hadoop-1.0.1]# bin/hadoop fs -ls
Found 1 items
drwxr-xr-x   - root supergroup          0 2015-08-21 11:53 /user/root/input
```

图 2.3.2　上传本地目录到集群示例

```
[root@master hadoop-1.0.1]# bin/hadoop fs -ls input
Found 2 items
-rw-r--r--   2 root supergroup         12 2015-08-21 11:53 /user/root/input/file1
-rw-r--r--   2 root supergroup         29 2015-08-21 11:53 /user/root/input/file2
```

图 2.3.3　查看上传结果示例

（3）将写好的 WordCount.java 放入 hadoop 的根目录下（即：\ software \ hadoop-1.0.1）。

（4）编译 WordCount.java 程序，将编译结果放入当前目录的 WordCount 目录下：javac -classpath hadoop-core-1.0.1.jar：lib/commons-cli-1.2.jar -d WordCount WordCount.java

```
[root@master hadoop-1.0.1]# javac -classpath hadoop-core-1.0.1.jar:lib/commons-cli-1.2.jar -d WordCount WordCount.java
[root@master hadoop-1.0.1]#
```

图 2.3.4　将编译结果放入当前目录示例

（5）进入 /software/hadoop-1.0.1/WordCount 目录，将编译结果打成 Jar 包：

cd WordCount

jar -cvf WordCount.jar org/ *（org 文件夹是由上一步生成的）

（6）把在 WordCount 目录中生成的 jar 包放到 WordCount 上一级目录中，在集群上运行 WordCount 程序，以 input 目录作为输入目录，output 目录作为输出目录：bin/hadoop jar WordCount.jar org.apache.hadoop.five WordCount input output

（7）查看输入结果：bin/hadoop fs -cat output/part-00000

2.3.1.5　代码结果

运行结果如下：

```
[root@VM-7eee0794-25f5-44ee-b74b-e8033743d45a WordCount]# ls
org
[root@VM-7eee0794-25f5-44ee-b74b-e8033743d45a WordCount]# jar -cvf WordCount.jar
 org/*
标明清单(manifest)
增加：org/apache/(读入= 0)(写出= 0)(存储了 0%)
增加：org/apache/hadoop/(读入= 0)(写出= 0)(存储了 0%)
增加：org/apache/hadoop/five/(读入= 0)(写出= 0)(存储了 0%)
增加：org/apache/hadoop/five/WordCount$TokenizerMapper.class(读入= 1782)(写出=
762)(压缩了 57%)
增加：org/apache/hadoop/five/WordCount$IntSumReducer.class(读入= 1781)(写出= 74
5)(压缩了 58%)
增加：org/apache/hadoop/five/WordCount.class(读入= 1896)(写出= 995)(压缩了 47%)
[root@VM-7eee0794-25f5-44ee-b74b-e8033743d45a WordCount]# ls
org  WordCount.jar
```

图 2.3.5　将编译结果打成 jar 包

```
[root@VM-7eee0794-25f5-44ee-b74b-e8033743d45a hadoop-1.0.1]# bin/hadoop jar Word
Count.jar org.apache.hadoop.five.WordCount input output
****hdfs://localhost:9000/user/root/input
15/09/25 15:10:22 INFO input.FileInputFormat: Total input paths to process : 2
15/09/25 15:10:25 INFO mapred.JobClient: Running job: job_201509231544_0020
15/09/25 15:10:26 INFO mapred.JobClient:  map 0% reduce 0%
15/09/25 15:10:51 INFO mapred.JobClient:  map 100% reduce 0%
15/09/25 15:11:09 INFO mapred.JobClient:  map 100% reduce 100%
15/09/25 15:11:15 INFO mapred.JobClient: Job complete: job_201509231544_0020
15/09/25 15:11:15 INFO mapred.JobClient: Counters: 29
15/09/25 15:11:15 INFO mapred.JobClient:   Job Counters
15/09/25 15:11:15 INFO mapred.JobClient:     Launched reduce tasks=1
15/09/25 15:11:15 INFO mapred.JobClient:     SLOTS_MILLIS_MAPS=35341
15/09/25 15:11:15 INFO mapred.JobClient:     Total time spent by all reduces wai
ting after reserving slots (ms)=0
15/09/25 15:11:15 INFO mapred.JobClient:     Total time spent by all maps waitin
g after reserving slots (ms)=0
15/09/25 15:11:15 INFO mapred.JobClient:     Launched map tasks=2
```

图 2.3.6　WordCount 运行显示

```
[root@master hadoop-1.0.1]# bin/hadoop fs -ls output
Found 3 items
-rw-r--r--   2 root supergroup          0 2015-08-21 12:08 /user/root/output/_SUCCESS
drwxr-xr-x   - root supergroup          0 2015-08-21 12:07 /user/root/output/_logs
-rw-r--r--   2 root supergroup         37 2015-08-21 12:08 /user/root/output/part-00000
[root@master hadoop-1.0.1]# bin/hadoop fs -cat output/part-00000
hadoop   1
hello    3
mapreduce    1
world    1
```

图 2.3.7　WordCount 输出显示

hadoop 1
hello 3
mapreduce 1
word 1

2.3.1.6　代码数据流

WordCount 程序是最简单也是最具代表性的 MapReduce 框架程序，下面再基于上例给出 MapReduce 程序执行过程中详细的数据流。

首先在 MapReduce 程序启动阶段，JobTracker 先将 Job 的输入文件分割到每个 Map Task 上。假设现在有两个 Map Task，一个 Map Task 一个文件。

第 2 章　MapReduce 开发

接下来 MapReduce 启动 Job，每个 Map Task 在启动之后会接收到自己所分配的输入数据，针对此例(采用默认的输入方式，每一次读入一行，key 为行首在文件中的偏移量，value 为行字符串内容)，两个 Map Task 的输入数据如下：

    <0, "hello world">
    <0, "hello hadoop">
    <14, "hello mapreduce">

Map 函数会对输入内容进行词分割，然后输出每个单词和其频次。第一个 Map Task 的 Map 输出如下：

    <"hello", 1>
    <"world", 1>

第二个 Map Task 的 Map 输出如下：

    <"hello", 1>
    <"hadoop", 1>
    <"hello", 1>
    <"mapreduce", 1>

由于在本例中设置了 Combiner 的类为 Reduce 的 class，所以每个 Map Task 将输出发送到 Reduce 时，会先执行一次 Combiner。这里的 Combiner 相当于将结果先局部进行合并，这样能够降低网络压力，提高效率。执行 Combiner 之后两个 Map Task 的输出如下：

    Map Task1
    <"hello", 1>
    <"world", 1>
    Map Task2
    <"hello", 2>
    <"hadoop", 1>
    <"mapreduce", 1>

接下来是 MapReduce 的 shuffle 过程，对 Map 的输出进行排序合并，并根据 Reduce 数量对 Map 的输出进行分割，将结果交给对应的 Reduce。经过 shuffle 过程的输出也就是 Reduce 的输入如下：

    <"hadoop", 1>
    <"hello", <1, 2>>
    <"mapreduce", 1>
    <"world", 1>

Reduce 接收到如上的输入之后，对每个<key, value>进行处理，计算每个单词也就是 key 的出现总数。最后输出单词和对应的频数，形成整个 MapReduce 的输出，内容如下：

    <"hadoop", 1>
    <"hello", 3>
    <"mapreduce", 1>
    <"world", 1>

WordCount 虽然简单，但具有代表性，也在一定程度上反映了 MapReduce 设计的初衷——对日志文件的分析。希望这里的详细分析能对大家有所帮助。

2.3.2 数据去重

数据去重这个实例主要是为了让读者掌握并利用并行化思想对数据进行有意义的筛选。统计大数据集上的数据种类个数、从网站日志中计算访问地等这些看似庞杂的任务都会涉及数据去重。下面就进入这个实例的 MapReduce 程序设计。

2.3.2.1 实例描述

对数据文件中的数据进行去重。数据文件中的每行都是一个数据。

（1）样例输入

file1 如图 2.3.8 所示：

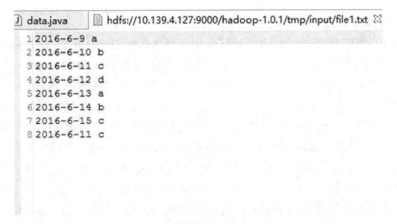

图 2.3.8 数据去重输入文件 file1

file2 如图 2.3.9 所示：

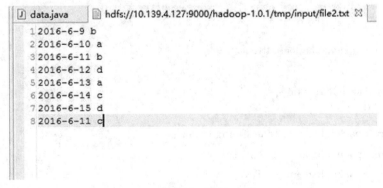

图 2.3.9 数据去重输入文件 file2

（2）样例输出

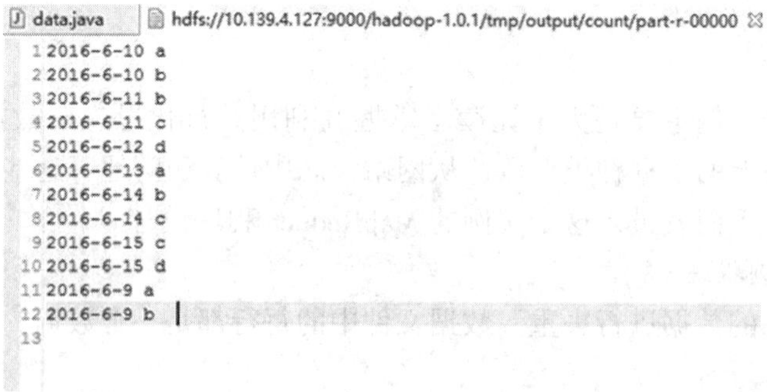

```
data.java    hdfs://10.139.4.127:9000/hadoop-1.0.1/tmp/output/count/part-r-00000
 1 2016-6-10 a
 2 2016-6-10 b
 3 2016-6-11 b
 4 2016-6-11 c
 5 2016-6-12 d
 6 2016-6-13 a
 7 2016-6-14 b
 8 2016-6-14 c
 9 2016-6-15 c
10 2016-6-15 d
11 2016-6-9 a
12 2016-6-9 b
13
```

图 2.3.10　数据去重输出结果

2.3.2.2　设计思路

数据去重实例的最终目标是让原始数据中出现次数超过一次的数据在输出文件中只出现一次。我们自然而然会想到将同一个数据的所有记录都交给一台 Reduce 机器，无论这个数据出现多少次，只要在最终结果中输出一次就可以了。具体就是 Reduce 的输入应该以数据作为 key，而对 value-list 则没有要求。当 Reduce 接收到一个<key，value-list>时就直接将 key 复制到输出的 key 中，并将 value 设置成空值。在 MapReduce 流程中，Map 的输出<key，value>经过 shuffle 过程聚集成<key，value-list>后会被交给 Reduce。所以从设计好的 Reduce 输入可以反推出 Map 输出的 key 应为数据，而 value 为任意值。继续反推，Map 输出的 key 为数据。而在这个实例中每个数据代表输入文件中的一行内容，所以 Map 阶段要完成的任务就是在采用 Hadoop 默认的作业输入方式之后，将 value 设置成 key，并直接输出（输出中的 value 任意）。Map 中的结果经过 shuffle 过程之后被交给 Reduce。在 Reduce 阶段不管每个 key 有多少个 value，都直接将输入的 key 复制为输出的 key，并输出就可以了（输出中的 value 被设置成空）。

因为此程序简单且执行步骤与单词计数实例完全相同，所以不再赘述，下面只给出程序。

2.3.2.3　程序代码

```
package org.apache.hadoop.five;

import java.io.IOException;

import org.apache.hadoop.conf.Configuration;
import org.apache.hadoop.fs.Path;
import org.apache.hadoop.io.Text;
import org.apache.hadoop.mapreduce.Job;
import org.apache.hadoop.mapreduce.Mapper;
import org.apache.hadoop.mapreduce.Reducer;
```

```
import org.apache.hadoop.mapreduce.lib.input.FileInputFormat;
import org.apache.hadoop.mapreduce.lib.output.FileOutputFormat;
import org.apache.hadoop.util.GenericOptionsParser;

public class Dedup {
//map 将输入中的 value 复制到输出数据的 key 上,并直接输出
    public static class Map extends Mapper<Object, Text, Text, Text>{
        private static Text line = new Text();
        public void map(Object key, Text value, Context context) throws IOException, InterruptedException{
            line = value;
            context.write(line, new Text(""));
        }
    }

//reduce 将输入中的 key 复制到输出数据的 key 上,并直接输出
    public static class Reduce extends Reducer<Text, Text, Text, Text>{
        public void reduce(Text key, Iterable<Text> values, Context context) throws IOException, InterruptedException{
            context.write(key, new Text(""));
        }
    }

    public static void main(String[] args) throws Exception{
        Configuration conf = new Configuration();
        String[] otherArgs = new GenericOptionsParser(conf, args).getRemainingArgs();
        if(otherArgs.length != 2){
            System.err.println("Usage:wordcount<in><out>");
            System.exit(2);
        }
        Job job = new Job(conf, "Data Deduplication");
        job.setJarByClass(Dedup.class);
        job.setMapperClass(Map.class);
        job.setCombinerClass(Reduce.class);
        job.setReducerClass(Reduce.class);
        job.setOutputKeyClass(Text.class);
        job.setOutputValueClass(Text.class);
        FileInputFormat.addInputPath(job, new Path(otherArgs[0]));
```

```
        FileOutputFormat.setOutputPath(job, new Path(otherArgs[1]));
        System.exit(job.waitForCompletion(true) ? 0 : 1);
    }
}
```

2.3.3 排序

数据排序是许多实际任务在执行时要完成的第一项工作,比如学生成绩评比、数据建立索引等。这个实例和数据去重类似,都是先对原始数据进行初步处理,为进一步的数据操作打好基础。下面进入这个实例。

2.3.3.1 实例描述

对输入文件中的数据进行排序。输入文件中的每行内容均为一个数字,即一个数据。要求在输出中每行有两个间隔的数字,其中,第二个数字代表原始数据,第一个数字代表这个原始数据在原始数据集中的位次。

file1 如图 2.3.11 所示:

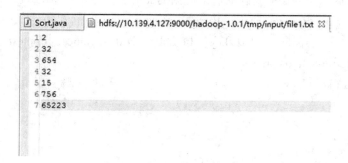

图 2.3.11 排序输入文件 file1

file2 如图 2.3.12 所示:

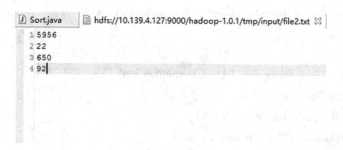

图 2.3.12 排序输入文件 file2

file3 如图 2.3.13 所示:

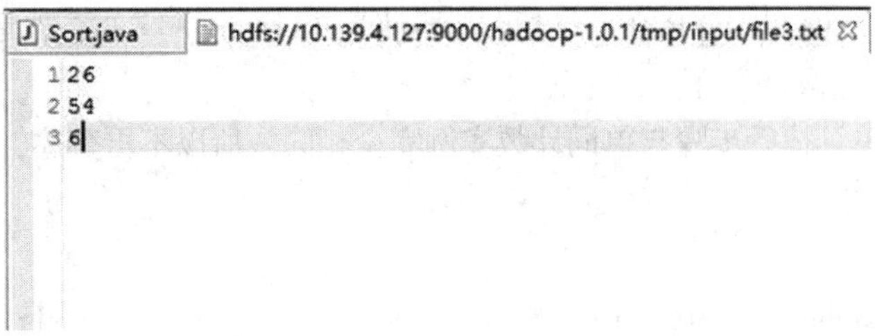

```
Sort.java    hdfs://10.139.4.127:9000/hadoop-1.0.1/tmp/input/file3.txt
1 26
2 54
3 6
```

图 2.3.13 排序输入文件 file3

样例输出：

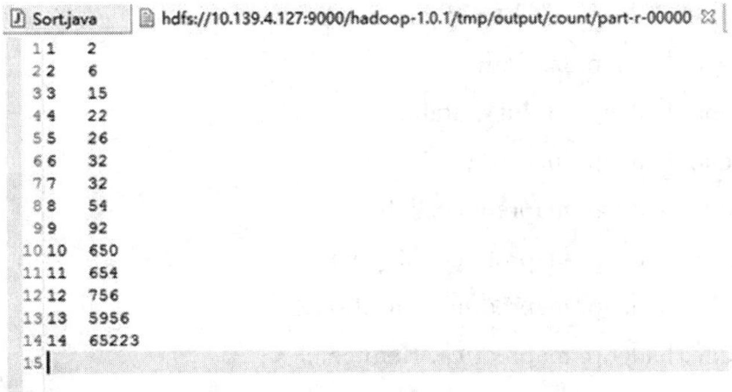

```
Sort.java    hdfs://10.139.4.127:9000/hadoop-1.0.1/tmp/output/count/part-r-00000
1  1    2
2  2    6
3  3    15
4  4    22
5  5    26
6  6    32
7  7    32
8  8    54
9  9    92
10 10   650
11 11   654
12 12   756
13 13   5956
14 14   65223
15
```

图 2.3.14 排序输出结果

2.3.3.2 设计思路

这个实例仅仅要求对输入数据进行排序，熟悉 MapReduce 过程的读者很快会想到在 MapReduce 过程中就有排序。是否可以利用这个默认的排序，而不需要自己再实现具体的排序呢？答案是肯定的。但是在使用之前首先要了解 MapReduce 过程中的默认排序规则。它是按照 key 值进行排序，如果 key 为封装 int 的 IntWritable 类型，那么 MapReduce 按照数字大小对 key 排序；如果 key 为封装 String 的 Text 类型，那么 MapReduce 按照字典顺序对字符串排序。需要注意的是，Reduce 自动排序的数据仅仅是发送到自己所在节点的数据，使用默认的排序并不能保证全局的顺序，因为在排序前还有一个 partition 的过程，默认无法保证分割后各个 Reduce 上的数据整体是有序的。所以想要使用默认的排序过程，还必须定义自己的 Partition 类，保证执行 Partition 过程之后所有 Reduce 上的数据在整体上是有序的，然后再对局部 Reduce 上的数据进行默认排序，这样才能保证所有数据有序。了解了这个细节，我们就知道，首先应该使用封装 int 的 IntWritable 型数据结果，也就是将读入的数据在 Map 中转化成 IntWritable 型，然后作为 key 值输出(value 任意)；其次需要重写 partition 类，保证整体有序，具体做法是用输入数据的最大值除以系统 partition 数量的商作为分割数据的边界增量，也就是说分割数据的边界为此商的 1 倍、2 倍至 numPartitions-1 倍，这样就能保证执行 partition 后数据是整体有序的；然后 Reduce 获得<key, value-list>之后，根据 value-list 中元素的个数将输入的 key 作为 value 的输出次数，输入的 key 是一个全局变量，用于统计当前 key 的位次。需要注意的是，这个程序中没有配置 Combiner，也就是说在 MapReduce 过程中不使用 Combiner。这主要是因为使用 Map 和 Reduce 就已经能够完成任务了。

由于此程序简单且执行步骤与单词计数实例完全相同，所以不再赘述，下面只给出程序。

2.3.3.3 程序代码

```java
package org.apache.hadoop.five;

import java.io.IOException;

import org.apache.hadoop.conf.Configuration;
import org.apache.hadoop.fs.Path;
import org.apache.hadoop.io.IntWritable;
import org.apache.hadoop.io.Text;
import org.apache.hadoop.mapreduce.Job;
import org.apache.hadoop.mapreduce.Mapper;
import org.apache.hadoop.mapreduce.Partitioner;
import org.apache.hadoop.mapreduce.Reducer;
import org.apache.hadoop.mapreduce.lib.input.FileInputFormat;
import org.apache.hadoop.mapreduce.lib.output.FileOutputFormat;
import org.apache.hadoop.util.GenericOptionsParser;

public class Sort{
//map 将输入中的 value 转化成 IntWritable 类型，作为输出的 key
    public static class Map extends Mapper<Object, Text, IntWritable, IntWritable>{
        private static IntWritable data = new IntWritable();
        public void map(Object key, Text value, Context context) throws IOException, InterruptedException{
                String line = value.toString();
                data.set(Integer.parseInt(line));
                context.write(data, new IntWritable(1));
        }
    }
    /*
     * reduce 将输入的 key 复制到输出的 value 上，然后根据输入的 value-list 中元素的个数决定 key 的输出次数
     * 用全局 linenum 来代表 key 的位次
     */
    public static class Reduce extends Reducer< IntWritable, IntWritable, IntWritable,
```

```java
IntWritable>{
    private static IntWritable linenum = new IntWritable(1);
    public void reduce(IntWritable key, Iterable<IntWritable> values, Context context)
            throws IOException, InterruptedException{
        for(@SuppressWarnings("unused") IntWritable val : values){
            context.write(linenum, key);
            linenum = new IntWritable(linenum.get()+1);
        }
    }
}

/*
 * 自定义 Partition 函数,此函数根据输入数据的最大值和 MapReduce 框架中 Partition
 * 的数量获取将输入数据按照大小分块的边界,然后根据输入数值和边界的关系返回对应的
 * Partition ID
 */
public static class Partition extends Partitioner<IntWritable, IntWritable>{

    @Override
    public int getPartition(IntWritable key, IntWritable value, int numPartitions) {
        int Maxnumber = 65223;
        int bound = Maxnumber/numPartitions +1;
        int keynumber = key.get();
        for(int i=0; i<numPartitions; i++){
            if(keynumber<bound*i && keynumber>=bound*(i-1)){
                return i-1;
            }
        }
        return 0;
    }
}

public static void main(String[] args) throws Exception {
    Configuration conf = new Configuration();
    String[] otherArgs = new GenericOptionsParser(conf, args).getRemainingArgs();
    if(otherArgs.length != 2){
        System.err.println("Usage: wordcount<in><out>");
        System.exit(2);
```

}
Job job = new Job(conf, "Sort");
job.setJarByClass(Sort.class);
job.setMapperClass(Map.class);
job.setReducerClass(Reduce.class);
job.setPartitionerClass(Partition.class);
job.setOutputKeyClass(IntWritable.class);
job.setOutputValueClass(IntWritable.class);
FileInputFormat.addInputPath(job, new Path(otherArgs[0]));
FileOutputFormat.setOutputPath(job, new Path(otherArgs[1]));
System.exit(job.waitForCompletion(true) ? 0 : 1);
}

}

2.3.4 单表关联

前面的实例都是在数据上进行一些简单的处理,为进一步的操作打基础。单表关联这个实例要求从给出的数据中寻找所关心的数据,它是对原始数据所包含信息的挖掘。下面进入这个实例。

2.3.4.1 实例描述

实例中给出 child-parent 表,要求输入 grandchild-grandparent 表。

file 如图 2.3.15 所示:

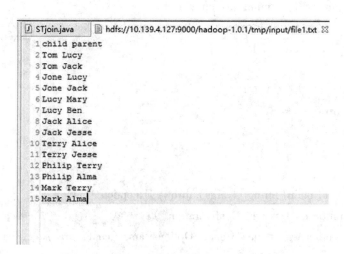

图 2.3.15 单表关联输入文件

样例输出为：

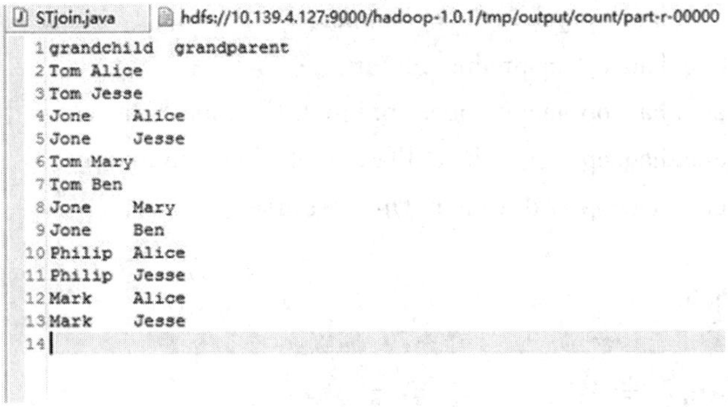

```
 1 grandchild  grandparent
 2 Tom   Alice
 3 Tom   Jesse
 4 Jone  Alice
 5 Jone  Jesse
 6 Tom   Mary
 7 Tom   Ben
 8 Jone  Mary
 9 Jone  Ben
10 Philip Alice
11 Philip Jesse
12 Mark   Alice
13 Mark   Jesse
14
```

图 2.3.16　单表关联输出结果

2.3.4.2　设计思路

分析这个实例，显然需要进行单表连接，连接的是左表的 parent 列和右表的 child 列，且左表和右表是同一个表。连接结果中除去连接的两列就是所需要的结果——grandchild-grandparent 表。要用 MapReduce 实现这个实例，首先要考虑如何实现表的自连接，其次就是连接列的设置，最后是结果的整理。考虑到 MaoReduce 的 shuffle 过程会将相同 key 值放在一起，所以可以将 Map 结果的 key 设置成待连接的列，然后列中相同的值自然会连接在一起了。再与最开始的分析联系起来：要连接的是左表的 parent 列和右表的 child 列，且左表和右表是同一个表，所以在 Map 阶段将读入数据分割成 child 和 parent 之后，会将 parent 设置为 key，child 设置为 value 进行输出，作为左表；再将同一对 child 和 parent 中的 child 设置成 key，parent 设置成 value 进行输出，作为右表。为了区别输出中的左右表，需要在输出的 value 中再加上左右表信息，比如在 value 的 String 最开始处加上字符 1 表示左表，字符 2 表示右表。这样在 Map 的结果中就形成了左表和右表，然后在 shuffle 过程中完成连接。在 Reduce 接收到的连接结果中，每个 key 的 value-list 就包含了 grandchild 和 grandparent 关系。取出每个 key 的 value-list 进行解析，将左表中的 child 放入一个数组，右表中的 parent 放入一个数组，然后对两个数组求笛卡尔积就是最好的结果了。

在设计思路中已经包含了对程序的分析，而其程序执行步骤也与单词计数实例完全相同，所以代码解读和程序执行不再赘述，下面只给出程序。

2.3.4.3　程序代码

```
package org.apache.hadoop.five;

import java.io.IOException;
import java.util.Iterator;

import org.apache.hadoop.conf.Configuration;
import org.apache.hadoop.fs.Path;
```

```java
import org.apache.hadoop.io.Text;
import org.apache.hadoop.mapreduce.Job;
import org.apache.hadoop.mapreduce.Mapper;
import org.apache.hadoop.mapreduce.Reducer;
import org.apache.hadoop.mapreduce.lib.input.FileInputFormat;
import org.apache.hadoop.mapreduce.lib.output.FileOutputFormat;
import org.apache.hadoop.util.GenericOptionsParser;

public class STjoin {

    public static int time = 0;

    /*
     * Map 将输入分割成 child 和 parent, 然后正序输出一次作为右表, 反序输出一次作为左表,
     * 需要注意的是在输出的 value 中必须加上左右表区别标志
     */
    public static class Map extends Mapper<Object, Text, Text, Text>{
        public void map(Object key, Text value, Context context) throws IOException, InterruptedException{
            String childname = new String();
            String parentname = new String();
            String relationtype = new String();
            String line = value.toString();
            int i = 0;
            while(line.charAt(i) != ' '){
                i++;
            }
            String[] values = {line.substring(0, i), line.substring(i+1)};
            if(values[0].compareTo("child") != 0){
                childname = values[0];
                parentname = values[1];
                relationtype = "1"; //左右表区分标志
                context.write(new Text(values[1]), new Text(relationtype+"+"+childname+"+"+parentname)); //左表
                relationtype = "2";
                context.write(new Text(values[0]), new Text(relationtype+"+"+childname+"+"+parentname)); //右表
            }
```

            }
        }

    public static class Reduce extends Reducer<Text, Text, Text, Text>{
        public void reduce(Text key, Iterable<Text> values, Context context) throws IOException, InterruptedException{
            if(time == 0){//表头
                context.write(new Text("grandchild"), new Text("grandparent"));
                time++;
            }
            int grandchildnum = 0;
            String grandchild[] = new String[10];
            int grandparentnum = 0;
            String grandparent[] = new String[10];
            Iterator<Text> ite = values.iterator();
            while(ite.hasNext()){
                String record = ite.next().toString();
                int len = record.length();
                int i = 2;
                if(len == 0) continue;
                char relationtype = record.charAt(0);
                String childname = new String();
                String parentname = new String();
                //获取 value-list 中 value 的 child
                while(record.charAt(i) != '+'){
                    childname = childname + record.charAt(i);
                    i++;
                }
                i = i+1;
                //获取 value-list 中 value 的 parent
                while(i<len){
                    parentname = parentname + record.charAt(i);
                    i++;
                }
                //左表,取出 child 放入 grandchild
                if(relationtype == '1'){
                    grandchild[grandchildnum] = childname;
                    grandchildnum ++;
                }else{//右表,取出 parent 放入 grandparent

```
                        grandparent[grandparentnum] = parentname;
                        grandparentnum ++;
                    }
                }
            //grandchildnum 和 grandparentnum 数组求笛卡尔积
            if(grandparentnum != 0 && grandchildnum != 0){
                for(int m=0; m<grandparentnum; m++){
                    for(int n=0; n<grandchildnum; n++){
                        context.write(new Text(grandchild[m]), new Text(grandparent[n]));
                            //输出结果
                    }
                }
            }
        }
    }
    public static void main(String[] args) throws Exception{
        Configuration conf = new Configuration();
        String[] otherArgs = new GenericOptionsParser(conf, args).getRemainingArgs();
        if(otherArgs.length != 2){
            System.err.println("Usage: wordcount<in><out>");
            System.exit(2);
        }
        Job job = new Job(conf, "single table join");
        job.setJarByClass(STjoin.class);
        job.setMapperClass(Map.class);
        job.setReducerClass(Reduce.class);
        job.setOutputKeyClass(Text.class);
        job.setOutputValueClass(Text.class);
        FileInputFormat.addInputPath(job, new Path(otherArgs[0]));
        FileOutputFormat.setOutputPath(job, new Path(otherArgs[1]));
        System.exit(job.waitForCompletion(true)? 0: 1);
    }
}
```

2.3.5 多表关联

2.3.5.1 实例描述

多表关联和单表关联类似,它也是通过对原始数据进行一定的处理,从其中挖掘出关

2.3 MapReduce 应用案例

心的信息。下面进入这个实例。

输入时两个文件，一个代表工厂表，包含工厂名列和地址编号列；另一个代表地址表，包含地址名列和地址编号列。要求从输入数据中找出工厂名和地址名的对应关系，输出工厂名-地址名表。

Factory 表如图 2.3.17 所示：

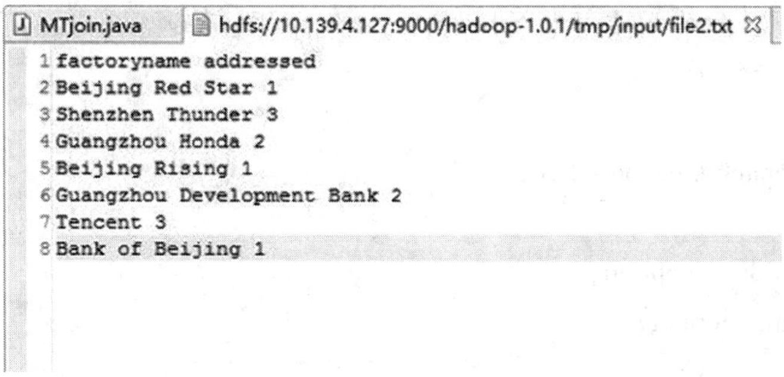

```
1 factoryname addressed
2 Beijing Red Star 1
3 Shenzhen Thunder 3
4 Guangzhou Honda 2
5 Beijing Rising 1
6 Guangzhou Development Bank 2
7 Tencent 3
8 Bank of Beijing 1
```

图 2.3.17　多表关联输入文件 Factory 表

Address 表如图 2.3.18 所示：

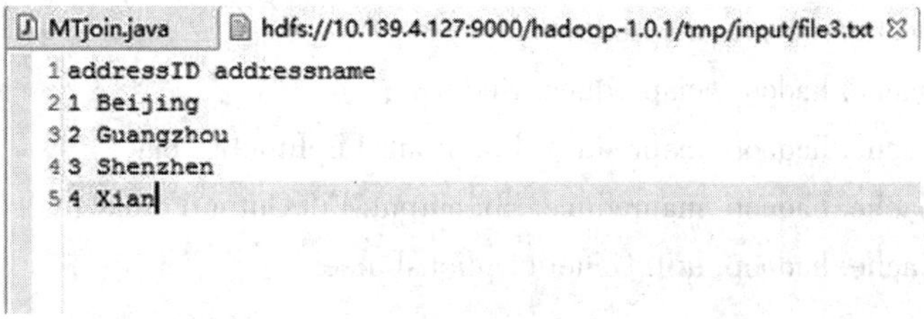

```
1 addressID addressname
2 1 Beijing
3 2 Guangzhou
4 3 Shenzhen
5 4 Xian
```

图 2.3.18　多表关联输入文件 Address 表

输出样例：

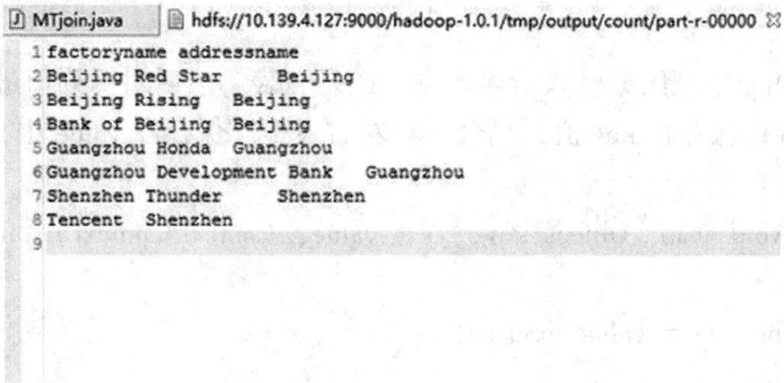

```
1 factoryname addressname
2 Beijing Red Star        Beijing
3 Beijing Rising   Beijing
4 Bank of Beijing  Beijing
5 Guangzhou Honda  Guangzhou
6 Guangzhou Development Bank    Guangzhou
7 Shenzhen Thunder        Shenzhen
8 Tencent   Shenzhen
9
```

图 2.3.19　多表关联输出结果

2.3.5.2 设计思路

多表关联和单表关联相似,都类似于数据库中的自然连接。相比单表关联,多表关联的左右表和连接列更加清楚,因此可以采用和单表关联相同的处理方式。Map 识别出输入的行属于哪个表之后,对其进行分割,将连接的列值保存在 key 中,另一列和左右表标志保存在 value 中,然后输出。Reduce 拿到连接结果后,解析 value 内容,根据标志将左右表内容分开存放,然后求笛卡尔积,最后直接输出。

这个实例的具体分析参考单表关联实例,下面给出代码。

2.3.5.3 程序代码

```
package org.apache.hadoop.five;

import java.io.IOException;
import java.util.Iterator;

import org.apache.hadoop.conf.Configuration;
import org.apache.hadoop.fs.Path;
import org.apache.hadoop.io.Text;
import org.apache.hadoop.mapreduce.Job;
import org.apache.hadoop.mapreduce.Mapper;
import org.apache.hadoop.mapreduce.Reducer;
import org.apache.hadoop.mapreduce.lib.input.FileInputFormat;
import org.apache.hadoop.mapreduce.lib.output.FileOutputFormat;
import org.apache.hadoop.util.GenericOptionsParser;

public class MTjoin{
    public static int time = 0;

    public static class Map extends Mapper<Object, Text, Text, Text>{
        /*
         * 在 Map 中先区分输入行属于左表还是右表,然后对两列值进行分割,
         * 连接列保存在 key 值,剩余列和左右表标志保存在 value 中,最后输出
         */
        public void map(Object key, Text value, Context context) throws IOException, InterruptedException{
            String line = value.toString();
            int i = 0;
            //输入文件行首,不处理
            if(line.contains("factoryname") == = true ||
```

```
                line. contains("addressID") = = true) {
                    return ;
                }
                //找出数据中的分割点
                while(line. charAt(i) >= '9' | | line. charAt(i) <= '0') {
                    i++;
                }
                if(line. charAt(0) >= '9' | | line. charAt(0) <= '0') {
                    //左表
                    int j = i-1;
                    while(line. charAt(j) ! = ' ') j--;
                    String[ ] values = {line. substring(0, j), line. substring(i)};
                    context. write(new Text(values[1]),   new Text("1+"+values[0]));
                }else{//右表
                    int j = i+1;
                    while(line. charAt(j) ! = ' ') j++;
                    String[ ] values = {line. substring(0, i+1), line. substring(j)};
                    context. write(new Text(values[0]), new Text("2+"+values[1]));
                }
            }
        }

        public static class Reduce extends Reducer<Text, Text, Text, Text>{
            //Reduce 解析 Map 输出，将 value 中数据按照左右表分别保存，然后求笛卡尔积，输出
            public void reduce(Text key, Iterable<Text> values, Context context) throws IOException, InterruptedException{
                if(time == 0){//输出文件第一行
                    context. write(new Text("factoryname"), new Text("addressname"));
                    time++;
                }
                int factorynum = 0;
                String factory[ ] = new String[10];
                int addressnum = 0;
                String address[ ] = new String[10];
                Iterator<Text> ite = values. iterator();
                while(ite. hasNext()){
```

```java
                String record = ite.next().toString();
                char type = record.charAt(0);
                if(type == '1'){//左表
                    factory[factorynum] = record.substring(2);
                    factorynum ++;
                }else{//右表
                    address[addressnum] = record.substring(2);
                    addressnum ++;
                }
            }
            if(factorynum != 0 && addressnum != 0){//求笛卡尔积
                for(int m=0; m<factorynum; m++){
                    for(int n=0; n<addressnum; n++){
                        context.write(new Text(factory[m]), new Text(address[n]));
                    }
                }
            }
        }
    }
    public static void main(String[] args) throws Exception{
        Configuration conf = new Configuration();
        String[] otherArgs = new GenericOptionsParser(conf, args).getRemainingArgs();
        if(otherArgs.length != 2){
            System.err.println("Usage: wordcount<in><out>");
            System.exit(2);
        }
        Job job = new Job(conf,"multiple table join");
        job.setJarByClass(MTjoin.class);
        job.setMapperClass(Map.class);
        job.setReducerClass(Reduce.class);
        job.setOutputKeyClass(Text.class);
        job.setOutputValueClass(Text.class);
        FileInputFormat.addInputPath(job, new Path(otherArgs[0]));
        FileOutputFormat.setOutputPath(job, new Path(otherArgs[1]));
        System.exit(job.waitForCompletion(true)? 0: 1);
    }
}
```

2.4 MapReduce 工作机制

关于 MapReduce 的准备知识和应用案例在本书前面章节中已经作了详细介绍，本节将从 MapReduce 作业的执行情况、作业运行过程中的错误机制、作业的调度策略、shuffle 和排序、任务的执行等几个方面详细讲解 MapReduce，让大家更加深入地了解 MapReduce 的运行机制，为深入学习使用 Hadoop 和 Hadoop 子项目打下基础。

2.4.1 MapReduce 作业的执行流程

从上一节的 MapReduce 编程实例中可以看出，只要在 main() 函数中调用 Job 的启动接口，然后将程序提交给 Hadoop 上，MapReduce 作业就可以在 Hadoop 上运行。另外，上一节也从 Task 运行角度介绍了 Map 和 Reduce 的过程。但是从运行"Hadoop JAR"到看到作业运行结果，这中间实际上还涉及很多其他细节。那么 Hadoop 运行 MapReduce 作业的完整步骤是什么呢？每一步又是如何具体实现的呢？本节将详细介绍。

2.4.1.1 MapReduce 任务执行总流程

通过前面的知识我们知道，一个 MapReduce 作业的执行流程是：代码编写→作业配置→作业提交→Map 任务的分配和执行→处理中间结果→Reduce 任务的分配和执行→作业完成，而在每个任务的执行过程中，又包含输入准备→任务执行→输出结果。图 2.4.1 给出了 MapReduce 作业详细的执行流程图。

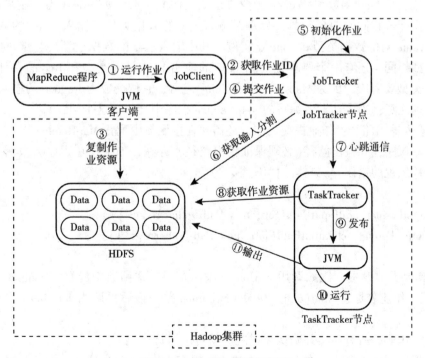

图 2.4.1 作业执行的流程图

第 2 章　MapReduce 开发

从图 2.4.1 可以看出，MapReduce 作业的执行可以分为 11 个步骤，涉及 4 个独立的实体。

4 个实体在 MapReduce 执行过程中的主要作用是：

(1) 客户端(Client)：编写 MapReduce 代码，配置作业，提交作业。

(2) JobTracker：初始化作业，分配作业，与 TaskTracker 通信，协调整个作业的执行。

(3) TaskTracker：保持与 JobTracker 的通信，在分配的数据片段上执行 Map 或 Reduce 任务，需要注意的是，上图中 TaskTracker 节点后的省略号表示 Hadoop 集群中可以包含多个 TaskTracker。

(4) HDFS：保存作业的数据、配置信息等，保存作业结果。

下面按照上图中 MapReduce 作业的执行流程结合代码详细介绍各个步骤。

2.4.1.2　提交作业

一个 MapReduce 作业在提交到 Hadoop 上之后，会进入完全地自动化执行过程。在这个过程中，用户除了监控程序的执行情况和强制中止作业之外，不能对作业的执行过程进行任何干预。所以在作业提交之前，用户需要将所有应该配置的参数按照自己的需求配置完毕。需要配置的主要内容有：

(1) 程序代码：这里主要是指 Map 和 Reduce 函数的具体代码，这是一个 MapReduce 作业对应的程序必不可少的部分，并且这部分代码的逻辑正确与否与运行结果直接相关。

(2) Map 和 Reduce 接口的配置：在 MapReduce 中，Map 接口需要派生自 Mapper<k1, v1, k2, v2>接口，Reduce 接口则要派生自 Reduce<k2, v2, k3, v3>。它们都对应唯一一个方法，分别是 Map 函数和 Reduce 函数，也就是在上一点中所写的代码。在调用这两个方法时需要配置它们的四个参数，分别是输入 key 的数据类型，输入 value 的数据类型，输出 key-value 对的数据类型和 context 实例，其中输入输出的数据类型要与继承时所设置的数据类型相同。还有一个要求是 Map 接口的输出 key-value 类型和 Reduce 接口的输入 key-value 类型要对应，因为 Map 输出组合 value 之后，它们会成为 Reduce 的输入内容(初学者请特别注意，很多初学者编写的 MapReduce 程序中会忽视这个问题)。

(3) 输入输出路径：作业提交之前，还需要在主函数中配置 MapReduce 作业在 Hadoop 集群上的输入路径和输出路径(必须保证输出路径不存在，如果存在程序会报错，这也是初学者经常忽视的错误)。具体的代码是：

FileInputFormat.*ad*dInputPath(job, new Path(otherArgs[0]));
FileOutputFormat.setOutputPath(job, new Path(otherArgs[1]));

(4) 其他类型设置，比如调用 runJob 方法：先要在主函数中配置如 Output 的 key 和 value 类型、作业名称、InputFormat 和 OutputFormat 等，最后再调用 JobClient 的 runJob 方法。

配置完作业的所有内容并确认无误之后就可以运行作业了。

用户程序调用 JobClient 的 runJob 方法，在提交 JobConf 对象之后，runJob 方法会先行调用 JobSubmissionProtocol 接口所定义的 submitJob 方法，并将作业提交给 JobTracker。紧

接着，runJob 不断循环，并在循环中调用 JobSubmissionProtocol 的 getTaskCompletionEvents 方法，获取 TaskCompletionEvent 类的对象实例，了解作业的实时执行情况。如果发现作业运行状态有更新，就将状态报告给 JobTracker。作业完成后，如果成功则显示作业计数器，否则，将导致作业失败的错误记录到控制台。

从上面介绍的作业提交的过程可以看出，最关键的是 JobClient 对象中 submitJobInternal(final JobConf job)方法的调用执行(submitJob()方法调用此方法真正执行 Job)，那么 submitJobInternal 方法具体是怎么做的？下面从 submitJobInternal 的代码出发介绍作业提交的详细过程(只列举关键代码)。

```
public RunningJob submitJob(JobConf job) throws FileNotFoundException,
ClassNotFoundException, InvalidJobConfException, IOException{
    ……
    //从 JobTracker 得到当前任务的 ID
    JobID jobId = jobSubmitClient.getNewJobId();
    //获取 HDFS 路径
    Path submitJobDir = new Path(jobStagingArea, jobId.toString());
    jobCopy.set("mapreduce.job.dir", submitJobDir.toString());
    //获取路径令牌
    TokenCache.obtainTokensForNameNodes(jobCopy.getCredentials(),
new Path[]{submitJobDir}, jobCopy);
    //为作业生产 splits
    FileSystem fs = submitJobDir.getFileSystem(jobCopy);
    LOG.debug("Creating splits at " +fs.makeQualified(submitJobDir));
    int maps = writeSplits(context, submitJobDir);
    jobCopy.setNumMapTasks(maps);
    //将 Job 的配置信息写入 JobTracker 的作业缓存文件中
    FSDataOutputStream out = FileSystem.create(fs, submitSplitFile, new
FsPermission(JobSubmiss, JOB_FILE_PERMISSION));
    try{
        jobCopy.writeXml(out);
    }finally{
        out.close();
    }
    //真正地调用了 JobTracker 来提交任务
    JobStatus status = jobSubmitClient.submitJob(jobId, submitJobDir.toString(),
jobCopy.getCredentials());
    ……
}
```

从上面的代码可以看出，整个提交过程包含以下步骤：

(1) 通过调用 JobTracker 对象的 getNewJobId( ) 方法从 JobTracker 处获取当前作业的 ID 号。

(2) 检查作业相关路径。在代码中获取各个路径信息时会对作业的对应路径进行检查。比如，如果没有指定输出目录或它已经存在，作业就不会被提交，并且会给 MapReduce 程序返回错误信息；再比如输入目录不存在或没有对应令牌也会返回错误等。

(3) 计算作业的输入划分，并将划分信息写入 Job.split 文件，如果写入失败就会返回错误。Split 文件的信息主要包括：split 文件头，split 文件版本号、split 的个数。这些信息中每一条都会包括以下内容：split 类型名(默认 FileSplit)、split 的大小、split 的内容(对于 FileSplit 来说是写入的文件名，此 split 在文件中的起始位置上)、split 的 Location 信息(即在哪个 DataNode 上)。

(4) 将运行作业所需要的资源(包括作业 JAR 文件、配置文件和计算所得的输入划分等)复制到作业对应的 HDFS 上。

调用 JobTracker 对象的 submitJob( ) 方法来真正提交作业，告诉 JobTracker 作业准备执行。

2.4.1.3 初始化作业

在客户端用户作业调用 JobTracker 对象的 submitJob( ) 方法后，JobTracker 会把此调用放入内部的 TaskScheduler 变量中，然后进行调度，默认的调度方法是 JobQueueTaskScheduler，也就是 FIFO 调度方式。当客户作业被调度执行时，JobTracker 会创建一个代表这个作业的 JobInProgress 对象，并将任务和记录信息封装到这个对象中，以便跟踪任务的状态和进程。接下来 JobInProgress 对象的 initTasks 函数对任务进行初始化操作。

下面仍然从 initTasks 函数的代码出发详细讲解初始化过程。

```
public synchronized void initTasks( ) throws IOException{
......
//从 HDFS 中作业对应的路径读取 job.split 文件，生成 input
//splits 为下面 Map 的划分做好准备
TaskSplitMetaInfo[ ] splits = cerateSplits(jobId);
//根据 input split 设置 Map Task 个数
numMapTasks = splits.length;
for(TaskSplitMetaInfo split: splits){
    NetUtils.verifyHostnames(split.getLocations( ));
}
//为每个 Map Task 生成一个 TaskInProgress 来处理一个 input split
maps = new TaskInProgress[numMapTasks];
for(int i=0; i<numMapTasks; ++i){
    inputLength += splits[i].getInputDataLength( );
```

```
        maps[i] = new TaskInProgress(jobId, jobFile, splits[i], jobtracker, conf, this, i,
numSlotsPerMap);
    }
    if(numMapTasks>0){
        //map task 放入 nonRunningMapCache,其将在 JobTracker 向 TaskTracker 分配 Map
Task 的时候使用
        nonRunningMapCache = createCache(splits, maxLevel);
    }
    //创建 Reduce Task
    this.reduces = new TaskInProgress[numReduceTasks];
    for(int i = 0; i<numReduceTasks; i++){
        reduce[i] = new TaskInProgress(jobId, jobFile, numMapTasks, i, jobtracker, conf,
this, numSlotsPerReduce);
        //Reduce Task 放入 nonRunningReduces,其将在 JobTracker 向 TaskTracker 分配
Reduce Task 的时候使用
        nonRunningReduce.add(reduces[i]);
    }
    //清理 Map 和 Reduce
    cleanup = new TaskInProgress[2];
    TaskSplitMetaInfo emptySplit = JobSplit.EMPTY_TASK_SPLIT;
    cleanup[0] = new TaskInProgress(jobId, jobFile, emptySplit, jobtracker, conf, this,
numMapTasks);
    cleanup[0].setJobCleanupTask();
    cleanup[1] = new TaskInProgress(jobId, jobFile, numMapTasks, numReduceTasks,
jobtracker, conf, this, 1);
    cleanup[1].setJobCleanupTask();
    //创建两个初始化 Task,一个初始化 Map,一个初始化 Reduce
    setup = newTaskInProgress[2];
    setop[0] = new TaskInProgress(jobId, jobFile, emptySplit, jobtracker, conf, this,
numMapTasks+1, 1);
    setup[0].setJobSetupTask();
    setup[1] = new TaskInProgress(jobId, jobFile, numMapTasks, numReduceTasks + 1,
jobtracker, conf, this, 1);
    setup[1].setJobSetupTask();
    tasksInited = true; //初始化完毕
    ……
}
```

从上面的代码可以看出初始化过程主要有以下步骤：

（1）从 HDFS 中读取作业对应的 job.split（见图 2.4.1 中步骤⑥）。JobTracker 从 HDFS 中作业对应的路径获取 jobClient 在图 2.4.1 步骤③中写入的 job.split 文件，得到输入数据的划分信息，为后面初始化过程中 Map 任务的分配做好准备。

（2）创建并初始化 Map 任务和 Reduce 任务。initTasks 先根据输入数据划分信息中的个数设定 Map Task 的个数，然后为每个 Map Task 生成一个 TaskInProgress 来处理 input split，并将 Map Task 放入 nonRunningMapCache，以便在 JobTracker 向 TaskTracker 分配 Map Task 的时候使用。接下来根据 JobConf 中的 mapred.reduce.tasks 属性利用 setNumReduceTasks()方法来设置 reduce task 的个数，然后采用类似 Map Task 的方式将 Reduce Task 放入 nonRunningReduces 中，以便向 TaskTracker 分配 ReduceTask 时使用。

（3）最后就是创建两个初始化 Task，根据个数和输入划分已经配置的信息，并分别初始化 Map 和 Reduce。

2.4.1.4 分配任务

在前面的介绍中我们已经知道，TaskTracker 和 JobTracker 之间的通信和任务的分配是通过心跳机制完成的。TaskTracker 作为一个单独的 JVM 执行一个简单的循环，主要实现每隔一段时间向 JobTracker 发送心跳(Hearbeat)：告诉 JobTracker 此 TaskTracker 是否存活，是否准备执行新的任务。JobTracker 接收到心跳信息，如果有待分配任务，它就会为 TaskTracker 分配一个任务，并将分配信息封装在心跳通信的返回值中返回给 TaskTracker。TaskTracker 从心跳方法的 Response 中得知此 TaskTracker 需要做的事情，如果是一个新的 Task 则将它加入本机的任务队列中（见图 2.4.1 中步骤⑦）。

下面从 TaskTracker 中的 transmitHeartBeat()方法和 JobTracker()方法的主要代码出发，介绍任务分配的详细过程，以及在此过程中 TaskTracker 和 JobTracker 的通信。

TaskTracker 中 transmitHearBeat()方法的主要代码：

```
//向 JobTracker 报告 TaskTracker 的当前状态
if( status = = null ) {
 synchronized(this) {
     status = new TaskTrackerStatus(taskTrackerName, localHostname, httpPort,
         cloneAndResetRunningTaskStatuses ( sendCounters ), failures, maxMapSlots,
maxReduceSlots);
  }
}
……
//根据条件是否满足来确定此 TaskTracker 是否请求 JobTracker
//为其分配新的 Task
boolean askForNewTask;
long localMinSpaceStart;
synchronized(this) {
```

```
askForNewTask = (status.countMapTasks() < maxCurrentMapTasks ||
    status.countReduceTasks<maxCurrentMapTasks) &&
        acceptNewTasks;
localMinSpaceStart = minSpaceStart;
}
……
//向 JobTracker 发送 heartbeat
HeartbeatResponse heartbeatResponse = jobClient.heartbeat(status, justStarted,
justInited, askForNewTask, heartbeatResponseId);
……
```

JobTracker 中 heartbeat( )方法的主要代码:

```
……
String trackerName = status.getTrackerName();
……
//如果 TaskTracker 向 JobTracker 请求一个 Task 运行
if(recoveryManager.shouldSchedule() && acceptNewTasks && ! isBlacklisted) {
TaskTrackerStatus taskTrackerStatus = getTracker(trackerName);
if(taskTrackerStatus == null) {
    LOG.warn("Unknown task tracker polling; ignoring:" +trackerName);
} else {
    List<Task> tasks = getSetupAndCleanupTasks(taskTrackerStatus);
    if(tasks == null) {
        //任务调度器分配任务
        tasks = taskScheduler.asssignTasks(taskTrackers.get(trackerName));
    }
    if(task ! = null) {
        for(Task task : tasks) {
            //将任务返回给 TaskTracker
            expireLaunchingTasks.addNewTask(task.getTaskID());
            actions.add(new LaunchTaskAction(task));
}}}}…
```

上面两段代码展示了 TaskTracker 和 JobTracker 之间通过心跳通信汇报状态与分配任务的详细过程。TaskTracker 首先发送自己的状态(主要是 Map 任务和 Reduce 任务的个数是否小于上限),并根据自身条件选择是否向 JobTracker 请求新的 Task,最后发送心跳。JobTracker 接收到 TaskTracker 的心跳后首先分析心跳信息,如果发现 TaskTracker 在请求一个 Task，那么任务调度器就会将任务和任务信息封装起来返回给 TaskTracker。

针对 Map 任务和 Reduce 任务，TaskTracker 有固定数量的任务槽（Map 任务和 Reduce 任务的个数都有上限）。当 TaskTracker 从 JobTracker 返回的心跳信息中获取新的任务信息时，它会将 Map 任务或者 Reduce 任务加入对应的任务槽中。需要注意的是，在 JobTracker 为 TaskTracker 分配 Map 任务时，为了减少网络带宽，会考虑将 map 任务数据本地化。它会根据 TaskTracker 的网络位置，选取一个距离此 TaskTracker map 任务最近的输入划分文件分配给此 TaskTracker。最好的情况是，划分文件就在 TaskTracker 本地（TaskTracker 往往是运行在 HDFS 的 DataNode 中，所以这种情况是存在的）。

2.4.1.5 执行任务

TaskTracker 申请到新的任务之后，就要在本地运行任务了。运行任务的第一步是将任务本地化（将任务运行所必需的数据、配置信息、程序代码从 HDFS 复制到 TaskTracker 本地，见图 2.4.1 中步骤⑧）。这主要是通过调用 localizeJob() 方法来完成的（此方法的具体代码并不复杂，不再列出）。这个方法主要通过下面几个步骤来完成任务的本地化：

（1）将 job.split 复制到本地；
（2）将 job.jar 复制到本地；
（3）将 job 的配置信息写入 job.xml；
（4）创建本地任务目录，解压 job.jar；
（5）调用 launchTaskForJob() 方法发布任务（见图 2.4.1 中步骤⑨）。

任务本地化之后，就可以通过调用 launchTaskForJob() 真正启动起来。接下来 launchTaskForJob() 又会调用 launchTask() 方法启动任务。launchTask() 方法的主要代码如下：

```
…
//创建 Task 本地运行目录
localizeTask(task);
if(this.taskStatus.getRunState() == TaskStatus.State.UNASSIGNED){
    this.taskStatus.setRunState(TaskStatus.State.RUNNING);
}
//创建并启动 TaskRunner
this.runner = task.createRunner(TaskTracker.this, this);
this.runner.start();
this.taskStatus.setStartTime(System.currentTimeMillis());
…
```

从代码中可以看出 launchTask() 方法会先为任务创建本地目录，然后启动 TaskRunner。在启动 TaskRunner 后，对于 Map 任务，会启动 MapTaskRunner；对于 Reduce 任务则启动 ReduceTaskRunner。

之后，TaskRunner 又会启动新的 Java 虚拟机来运行每个任务（见图 2.4.1 中步骤⑩）。

以 Map 任务为例,任务执行的简单流程是:
(1)配置任务执行参数(获取 Java 程序的执行环境和配置参数等);
(2)在 Child 临时文件表中添加 Map 任务信息(运行 Map 和 Reduce 任务的主进程是 Child 类);
(3)配置 log 文件夹,然后配置 Map 任务的通信和输出参数;
(4)读取 input split,生成 RecordReader 读取数据;
(5)为 Map 任务生成 MapRunnable,依次 RecordReader 中接收数据,并调用 Mapper 的 Map 函数进行处理;
(6)最后将 Map 函数的输出调用 collect 收集到 MapOutputBuffer(见图 2.4.1 中步骤⑪)。

2.4.1.6 更新任务执行进度和状态

在本节的作业提交过程中我们曾介绍:一个 MapReduce 作业在提交到 Hadoop 上之后,会进入完全地自动化执行过程,用户只能监控程序的执行状态和强制中止作业。但是 MapReduce 作业是一个长时间运行的批量作业,有时候可能需要运行数小时。所以对于用户而言,能够得知作业的运行状态是非常重要的。在 Linux 终端运行 MapReduce 作业时,可以看到在作业执行过程中有一些简单的作业执行状态报告,这能让用户大致了解作业的运行情况,并通过与预期运行情况的对比来确定作业是否按照预定方式运行。

在 MapReduce 作业中,作业的进度主要由一些可衡量可计数的小操作组成。比如在 Map 任务中,其任务进度就是已处理输入的百分比,如果完成 100 条记录中的 50 条,那么 Map 任务的进度就是 50%(这里只是针对一个 Map 任务举例,并不是在 Linux 终端中执行 MapReduce 任务时出现的 Map50%,在终端中出现的 50% 是总体 Map 任务的进度,这是将所有 Map 任务的进度组合起来的结果)。总体来讲,MapReduce 作业的进度由下面几项组成:Mapper(或 Reducer)读入或写出一条记录,在报告中设置状态描述,增加计数器,调用 Reporter 对象的 progess( )方法。

由 MapReduce 作业分割成的每个任务中都有一组计数器,它们对任务执行过程中的进度组成事件进行计数。如果任务要报告进度,它便会设置一个标志以表明状态变化将会发送到 TaskTracker 上。另一个监听线程检查到这标志后,会告知 TaskTracker 当前的任务状态。具体代码如下(这是 Map Task 中 run 函数的部分代码):

```
//同 TaskTracker 通信,汇报任务执行进度
TaskReport reporter = new TaskReport(getProgress( ), umbilical, jvmContext);
startCommunicationThread(umbilical);
initalize(job, getJobID( ), reporter, useNewApi);
```

同时,TaskTracker 在每隔 5 秒发送给 JobTracker 的心跳中封装任务状态,报告自己的任务执行状态。具体代码如下(这是 TaskTracker 中 transmitHeartBeat( )方法的部分代码):

```
//每隔一段时间,向 JobTracker 返回一些统计信息
boolean sendCounters;
if( now > ( previousUpdate+COUNTER_UPDATE_INTERVAL) ) {
sendCounters = true; previousUpdate = now;
```

}else{
sendCounters = false;
}

通过心跳通信机制,所有 TaskTracker 的统计信息都会汇总到 JobTracker 处。JobTracker 将这些统计信息合并起来,产生一个全局作业进度统计信息,用来表明正在运行的所有作业,以及其中所含任务的状态。最后,JobClient 通过每秒查看 JobTracker 来接收作业进度的最新状态。具体代码如下(这是 JobClient 中用来提交作业的 runJob()方法的部分代码):

```
//首先生成一个 JobClient 对象
JobClient jc = new JobClient(job);
//调用 submitJob 来提交一个任务
running = jc.submitJob(job);
…
//使用 monitorAndPrintJob 方法不断监控作业进度
if(! jc.monitorAndPrintJob(job, rj)){
LOG.info("Job Failed:"+rj.getFailureInfo());
throw new IOException("Job failed");
}
```

2.4.1.7 完成作业

所有 TaskTracker 任务的执行进度信息都会汇总到 JobTracker 处,当 JobTracker 接收到最后一个任务的已完成通知后,便把作业的状态设置为"成功"。然后,JobClient 也将及时得知任务已成功完成,它会显示一条信息告知用户作业已完成,最后从 runJob()方法处返回(在返回后 JobTracker 会清空作业的工作状态,并指示 TaskTracker 也清空作业的工作状态,比如删除中间输出等)。

2.4.2 错误处理机制

众所周知,Hadoop 有很强的容错性。这主要是针对由成千上万台普通机器组成的集群中常态化的硬件故障,Hadoop 能够利用冗余数据方式来解决硬件故障,以保证数据安全和任务执行。那么 MapReduce 在具体执行作业过程中遇到硬件故障会如何处理呢?对于用户代码的缺陷或进程崩溃引起的错误又会如何处理呢?本书将从硬件故障和任务失败两个方面说明 MapReduce 的错误处理机制。

2.4.2.1 硬件故障

从 MapReduce 任务的执行角度出发,所涉及的硬件主要是 JobTracker 和 TaskTracker(对应从 HDFS 出发就是 NameNode 和 DateNode)。显然硬件故障就是 JobTracker 机器故障和 TaskTracker 机器故障。

在 Hadoop 集群中，任何时候都只有唯一一个 JobTracker。所以 JobTracker 故障就是单点故障，这是所有错误中最严重的。到目前为止，在 Hadoop 中还没有相应的解决办法。能够想到的是通过创建多个备用 JobTracker 节点，在主 JobTracker 失败之后采用领导选举算法（Hadoop 中常用的一种确定 Master 的算法）来重新确定 JobTracker 节点。一些企业使用 Hadoop 提供服务时，就采用了这样的方法来避免 JobTracker 错误。

机器故障除了 JobTracker 错误就是 TaskTracker 错误。TaskTracker 错误相对较为常见，并且 MapReduce 也有相应的解决办法，主要是重新执行任务。下面将详细介绍当作业遇到 TaskTracker 错误时，MapReduce 所采取的解决步骤。

在 Hadoop 中，正常情况下，TaskTracker 会不断地与系统 JobTracker 通过心跳机制进行通信。如果某 TaskTracker 出现故障或运行缓慢，它会停止或者很少向 JobTracker 发送心跳。如果一个 TaskTracker 在一定时间内（默认是 1 分钟）没有与 JobTracker 通信，那么 JobTracker 会将此 TaskTracker 从等待任务调度的 TaskTracker 集合中移除。同时 JobTracker 会要求此 TaskTracker 上的任务立刻返回，如果此 TaskTracker 任务是仍然在 mapping 阶段的 Map 任务，那么 JobTracker 会要求其他 TaskTracker 重新执行所有原本由故障 TaskTracker 执行的 Map 任务。如果任务是在 Reduce 阶段的 Reduce 任务，那么 JobTracker 会要求其他 TaskTracker 重新执行故障 TaskTracker 未完成的 Reduce 任务。比如，一个 TaskTracker 已经完成被分配的三个 Reduce 任务中的两个，因为 Reduce 任务一旦完成就会将数据写到 HDFS 上，所以只有第三个未完成的 Reduce 需要重新执行。但是对于 Map 任务来说，即使 TaskTracker 完成了部分 Map，Reduce 仍可能无法获取此节点上所有 Map 的所有输出。所以无论 Map 任务完成与否，故障 TaskTracker 上的 Map 任务都必须重新执行。

2.4.2.2 任务失败

在实际任务中，MapReduce 作业还会遇到用户代码缺陷或进程崩溃引起的任务失败等情况。用户代码缺陷会导致它在执行过程中抛出异常。此时，任务 JVM 进程会自动退出，并向 TaskTracker 父进程发送错误消息，同时错误消息也会写入 log 文件，最后 TaskTracker 将此次任务尝试标记失败。对于进程崩溃引起的任务失败，TaskTracker 的监听程序会发现进程退出，此时 TaskTracker 也会将此次任务尝试标记为失败。对于死循环程序或执行时间太长的程序，由于 TaskTracker 没有接收到进度更新，它也会将此次任务尝试标记为失败，并杀死程序对应的进程。

在以上情况中，TaskTracker 将任务尝试标记为失败之后会将 TaskTracker 自身的任务计数器减 1，以便向 JobTracker 申请新的任务。TaskTracker 也会通过心跳机制告诉 JobTracker 本地的一个任务尝试失败。JobTracker 接到任务失败的通知之后，通过重置任务状态，将其加入到调度队列来重新分配该任务执行（JobTracker 会尝试避免将失败的任务再次分配给运行失败的 TaskTracker）。如果此任务尝试了 4 次（次数可以进行设置）仍没有完成，就不会再被重试，此时整个作业也就失败了。

2.4.3 作业调度机制

在 0.19.0 版本之前，Hadoop 集群上的用户作业采用先进先出（FIFO，First Input First

Output）调度算法，即按照作业提交的顺序来运行。同时每个作业都会使用整个集群，因此它们只有轮到自己运行才能享受整个集群的服务。虽然 FIFO 调度器最后又支持了设置优先级的功能，但是由于不支持优先级抢占，所以这种单用户的调度算法仍然不符合云计算中采用并行计算来提供服务的宗旨。从 0.19.0 版本开始，Hadoop 除了默认的 FIFO 调度器外，还提供了支持多用户同时服务和集群资源公平共享的调度器，即公平调度器（Fair Scheduler Guide）和容量调度器（Capacity Scheduler Guide）。下面主要介绍公平调度器。

公平调度是为作业分配资源的方法，其目的是随着时间的推移，让提交的作业获取等量的集群共享资源，让用户公平地共享集群。具体做法是：当集群上只有一个作业在运行时，它将使用整个集群；当有其他作业提交时，系统会将 TaskTracker 节点空闲时间片分配给这些新的作业，并保证每一个作业都得到大概等量的 CPU 时间。

公平调度器按作业池来组织作业，它会按照提交作业的用户数目将资源公平地分到这些作业池里。默认情况下，每一个用户拥有一个独立的作业池，以使每个用户都能获得一份等同的集群资源而不会管它们提交了多少作业。在每一个资源池内，会用公平共享的方法在运行作业之间共享容量。除了提供公平共享方法外，公平调度器还允许为作业池设置最小的共享资源，以确保特定用户、群组和生产应用程序总能获取到足够的资源。对于设置了最小共享资源的作业池来说，如果包含了作业，它至少能获取到最小的共享资源。但是如果最小共享资源超过作业需要的资源时，额外的资源会在其他作业池间进行切分。

在常规操作中，当提交一个新作业时，公平调度器会等待已运行作业中的任务完成，以释放时间片给新的作业。但公平调度器也支持作业抢占。如果新的作业在一定时间（即超时时间，可以配置）内还未获取公平的资源分配，公平调度器就会允许这个作业抢占已运行作业中的任务，以获取运行所需要的资源。另外，如果作业在超时时间内获取的资源不到公平共享资源的一半时，也允许对任务进行抢占。而在选择时，公平调度器会在所有运行任务中选择最近运行起来的任务，这样浪费的计算相对较少。由于 Hadoop 作业能容忍丢失任务，抢占不会导致被抢占的作业失败，只是让被抢占作业的运行时间更长。

最后，公平调度器还可以限制每个用户和每个作业池并发运行的作业数量。这个限制可以在用户一次性提交数百个作业或当大量作业并发执行时用来确保中间数据不会塞满集群上的磁盘空间。超出限制的作业会被列入调度器的队列中进行等待，直到早期作业运行完毕。公平调度器会根据作业优先权和提交时间的排列情况从等待作业中调度即将运行的作业。

2.4.4 Shuffle 和排序

从前面的介绍中我们得知，Map 的输出会经过一个名为 shuffle 的过程交给 Reduce 处理（在"MapReduce 数据流"图中也可以看出），当然也有 Map 的结果经过 sort-merge 交给 Reduce 处理的。其实在 MapReduce 流程中，为了让 Reduce 可以并行处理 Map 结果，必须对 Map 的输出进行一定的排序和分割，然后再交给对应的 Reduce，而这个将 Map 输出进行进一步整理并交给 Reduce 的过程就成为了 shuffle。从 shuffle 的过程可以看出，他是 MapReduce 的核心所在，shuffle 过程的性能与整个 MapReduce 的性能直接相关。

2.4 MapReduce 工作机制

总体来说，shuffle 过程包含在 Map 和 Reduce 两端中。在 Map 端的 shuffle 过程是对 Map 的结果进行划分（partition）、排序（sort）和分割（spill），然后将属于同一个划分的输出合并在一起（merge）并写在磁盘上，同时按照不同的划分将结果发送给对应的 Reduce（Map 输出的划分与 Reduce 的对应关系由 JobTracker 确定。）Reduce 端又会将各个 Map 送来的属于同一个划分的输出进行合并（merge），然后对 merge 的结果进行排序，最后交给 Reduce 处理。下面将从 Map 和 Reduce 两端详细介绍 shuffle 过程。

2.4.4.1 Map 端

从 MapReduce 的程序中可以看出，Map 的输出结果是由 collector 处理的，所以 Map 端的 shuffle 过程包含在 collect 函数对 Map 输出结果的处理过程中。下面从具体的代码来分析 Map 端的 shuffle 过程。

首先从 collect 函数的代码入手（MapTask 类）。从下面的代码段可以看出 Map 函数的输出内存缓冲区是一个环形结构。

final int_kvnext = (kvindex+1)%kvoffsets.length;

当输出内存缓冲区内容达到设定的阈值时，就需要把缓冲区内容分割（split）到磁盘中。但是在分割的时候 Map 并不会阻止继续向缓冲区中写入结果，如果 Map 结果生成的速度快于写出速度，那么缓冲区会写满，这时 Map 任务必须等待，直到分割写出过程结束。这个过程可以参考下面的代码。

```
do{
//在环形缓冲区中，如果下一个空间位置同起始位置相等，那么缓冲区已满
kvfull = kvnext == kvstart;
//环形缓冲区的内容是否达到写出的阈值
final boolean kvsoftlimit = ((kvnext > kvend)? kvnext-kvend > softRecordLimit : kvend-kvnext<=kvoffsets.length-softRecordLimit);
//达到阈值，写出缓冲区内容，形成 spill 文件
if(kvstart ==kvend && kvsoftlimit){
    startSpill();
}
//如果缓冲区满，则 Map 任务等待写出过程结束
if(kvfull){
    while(kvstart != kvend){
        reporter.progress();
        spillDone.await();
    }
}
}while(kvfull);
```

在 collect 函数中将缓冲区中的内容写出时会调用 sortAndSpill 函数。sortAndSpill 每被

调用一次就会创建一个 spill 文件,然后按照 key 值对需要写出的数据进行排序,最后按照划分的顺序将所有需要写出的结果写入这个 spill 文件中。如果用户作业配置了 combiner 类,那么在写出过程中会先调用 combineAndSpill( ) 再写出,对结果进行进一步合并(combiner)是为了让 Map 的输出数据更加紧凑。sortAndSpill 函数的执行过程可以参考下面 sortAndSpill 函数的代码。

```
//创建 spill 文件
Path filename = mapOutputFile.getSpillFileForWrite(numSpills, size);
out = rfs.create(filename);
…
//按照 key 值对待写出数据进行排序
sorter.sort(MapOutputBuffer.this, kvstart, endPosition, reporter);
…
//按照划分将数据写入文件
for(int i=0; i<partitions; ++i){
    IFile.Writer<K, V> writer = null;
    long segmentStart = out.getPos();
    writer = new Writer<K, V>(job, out, keyClass, valClass, codec, spilledRecordsCounter);
    //如果没有配置 combiner 类,数据直接写入文件
    if( null == combinerClass){
        …
    } else {
        …
        //如果配置了 combiner 类,则先调用 combineAndSpill 函数后再写入文件
        combinerAndSpill(kvIter, combineInputCounter);
    }
}
```

显然,直接将每个 Map 生成的众多 spill 文件(因为 Map 过程中,每一次缓冲区写出都会产生一个 spill 文件)交给 Reduce 处理不现实。所以在每个 Map 任务结束之后在 Map 的 TaskTracker 上还会执行合并操作(merge),这个操作的主要目的是将 Map 生成的众多 spill 文件中的数据按照划分重新组织,以便于 Reduce 处理。主要做法是针对指定的分区,从各个 spill 文件中拿出属于同一个分区的所有数据,然后将它们合并在一起,并写入一个已分区且已排序的 Map 输出文件中。这个过程的详细情况请参考 mergeParts( ) 函数的代码,这里不再列出。

待唯一的已分区且已排序的 Map 输出文件写入最后一天记录后,Map 端的 shuffle 阶段就结束了。下面就进入 Reduce 端的 shuffle 阶段。

2.4.4.2 Reduce 端

在 Reduce 端,shuffle 阶段可以分成三个阶段:复制 Map 输出、排序合并和 Reduce 处

理。下面按照这三个阶段进行详细介绍。

如前文所述，Map 任务成功完成后，会通知父 TaskTracker 状态已更新，TaskTracker 进而通知 JobTracker(这些通知在心跳机制中进行)。所以，对于指定作业来说，JobTracker 能够记录 Map 输出和 TaskTracker 的映射关系。Reduce 会定期向 JobTracker 获取 Map 的输出位置。一旦拿到输出位置，Reduce 任务就会从此输出对应的 TaskTracker 上复制输出到本地(如果 Map 的输出很小，则会被复制到执行 Reduce 任务的 TaskTracker 节点的内存中，便于进一步处理，否则会放入磁盘)，而不会等到所有的 Map 任务结束。这就是 Reduce 任务的复制阶段。

在 Reduce 复制 Map 的输出结果的同时，Reduce 任务就进入了合并(merge)阶段。这一阶段主要的任务是将从各个 Map TaskTracker 上复制的 Map 输出文件(无论是在内存还是在磁盘)进行整合，并维持数据原来的顺序。

reduce 端的最后阶段就是对合并的文件进行 reduce 处理。下面是 reduce Task 上 run 函数的部分代码，从这个函数可以看出整个 Reduce 端的三个步骤。

```
//复制阶段，从 map TaskTracker 处获取 Map 输出
boolean isLocal = "local".equals(job.get("mapred.job.tracker", "local"));
if(! isLocal){
reduceCopier = new ReduceCopier(umbilical, job, reporter);
if(! reduceCopier.fetchOutputs()){
…
}
}
//复制阶段结束
copyPhase.complete();
//合并阶段，将得到的 Map 输出合并
setPhase(TaskStatus.Phase.SORT);
…
//合并阶段结束
sortPhase.complete();
//Reduce 阶段
setPhase(TaskStatus.Phase.REDUCE);
//启动 Reduce
Class keyClass = job.getMapOutputKeyClass();
Class valueClass = job.getMapOutputValueClass();
RawComparator comparator = job.getOutputValueGroupingComparator();
if(useNewApi){
runNewReducer(job, umbilical, reporter, rIter, comparator, keyClass, valueClass);
}else{
```

```
runOldReducer(job, umbilical, reporter, rIter, comparator, keyClass, valueClass);
}else{
done(umbilical, reporter);
}
```

2.4.4.3 shuffle 过程的优化

熟悉了上面介绍的 shuffle 过程，可能有读者会说：这个 shuffle 过程不是最优的。是的，Hadoop 采用的 shuffle 过程并不是最优的。举个简单的例子，如果现在需要 Hadoop 集群完成两个集合的并操作，事实上并操作只需要让两个集群中重复的元素在最后的结果中出现一次就可以了，并不要求结果的元素是按顺序排列的。但是如果使用 Hadoop 默认的 shuffle 过程，那么结果势必是排好序的，显然这个处理就不是必须的了。在这里简单介绍从 Hadoop 参数的配置出发来优化 shuffle 过程。在一个任务中，完成单位任务使用时间最多的一般都是 I/O 操作。在 Map 端，主要就是 shuffle 阶段中缓冲区内容超过阈值后的写出操作。可以通过合理地设置 ip.sort.* 属性来减少这种情况下的写出次数，具体来说就是增加 io.sort.mb 的值。在 Reduce 端，在复制 Map 输出的时候直接将复制的结果放在内存中同样能够提升性能，这样可以让部分数据少做两次 I/O 操作(前提是留下的内存足够 Reduce 任务执行)。所以在 Reduce 函数的内存需求很小的情况下，将 mapred.inmem.merge.threshold 设置为 0，将 Mapred.job.reduce.input.buffer.parcent 设置为 1.0(或者一个更低的值)能够让 I/O 操作更少，提升 shuffle 的性能。

2.4.5 任务执行

本节前面详细介绍了 MapReduce 作业的执行流程，也简单介绍了基于 Hadoop 自身的一些参数优化。本节再介绍一些 Hadoop 在任务执行时的具体策略，让读者进一步了解 MapReduce 任务的执行细节，以便控制细节。

2.4.5.1 推测式执行

所谓推测式执行是指当作业的所有任务都开始运行时，JobTracker 会统计所有任务的平均进度，如果某个任务所在的 TaskTracker 节点由于配置比较低或 CPU 负载较高，导致任务执行的速度比总体任务的平均速度要慢，此时 JobTracker 就会启动一个新的备份任务，原有任务和新任务哪个先执行完就把另一个 kill 掉，这就是经常在 JobTracker 页面看到任务执行成功、但是总有些任务被 kill 的原因。

MapReduce 将待执行作业分割成一些小任务，然后并行运行这些任务，提高作业运行的效率，使作业的整体执行时间少于顺序执行的时间。但很明显，运行缓慢的任务(可能因为配置问题、硬件问题或 CPU 负载过高)将成为 MapReduce 的性能瓶颈。因为只要有一个运行缓慢的任务，整个作业的完成时间将被大大延长。这个时候就需要采用推测式执行来避免出现这种情况。当 JobTracker 检测到所有任务中存在运行过于缓慢的任务时，就会启动另一个相同的任务作为备份。原始任务和备份任务中只要有一个完成，另一个就会被中止。推测式执行的任务只有在一个作业的所有任务开始执行之后才会启动，并且只针对运行一段时间之后、执行速度慢于整个作业的平均执行速度的情况。

推测式执行在默认情况下是启用的。这种执行方式有一个很明显的缺陷：对于由于代码缺陷导致的任务执行速度过慢，它所启动的备份任务并不会解决问题。除此之外，因为推测式执行会启动新的任务，所以这种执行方式不可避免地会增加集群的负担。所以在利用 Hadoop 集群运行作业的时候可以根据具体情况选择开启或关闭推测式执行策略（通过设置 mapred.map.tasks.speculative.execution 和 mapred.reduce.tasks.speculative.execution 属性的值来为 Map 和 Reduce 任务开启或关闭推测式执行策略）。

2.4.5.2 任务 JVM 重用

在本节中可以看出，不论是 Map 任务还是 Reduce 任务，都是在 TaskTracker 节点上的 Java 虚拟机（JVM）中运行的。当 TaskTracker 被分配一个任务时，就会在本地启动一个新的 Java 虚拟机来运行这个任务。对于有大量零碎输入文件的 Map 任务而言，为每一个 Map 任务启动一个 Java 虚拟机这种做法显然还有很大的改善空间。如果在一个非常短的任务结束之后让后续的任务重用此 Java 虚拟机，这样就可以省下新任务启动新的 Java 虚拟机的时间，这就是所谓的任务 JVM 重用。需要注意的是，虽然一个 TaskTracker 上可能会有多个任务在同时运行，但这些正在执行的任务都是在相互独立的 JVM 上的。TaskTracker 上的其他任务必须等待，因为即使启用 JVM 重用，JVM 也只能顺序执行任务。

控制 JVM 重用的属性是 mapred.job.reuse.jvm.num.tasks。这个属性定义了单个 JVM 上运行任务的最大数目，默认情况下是 1，意味着每个 JVM 上运行一个任务。可以将这个属性设置为一个大于 1 的值来启用 JVM 重用，也可以将此属性设为 -1，表明共享此 JVM 的任务数目不受限制。

2.4.5.3 跳过坏记录

MapReduce 作业处理的数据集非常庞大，用户在基于 MapReduce 编写处理程序时可能并不会考虑到数据集中的每一种数据格式和字段（特别是某些坏的记录）。所以，用户代码在处理数据集中的某个特定记录时可能会崩溃。这个时候即使 MapReduce 有错误处理机制，但是由于存在这种代码缺陷，即使重新执行 4 次（默认的最大重新执行次数），这个任务仍然会失败，最终也会导致整个作业失败。所以针对这种由于坏数据导致任务抛出的异常，重新运行任务是无济于事的。但是，如果想要在庞大的数据集中找到这个坏记录，然后在程序中添加相应的处理代码或直接除去这条坏记录，显然也是很困难的一件事情，况且并不能保证没有其他坏记录。所以最好的办法就是在当前代码对应的任务执行期间，遇到坏记录时就直接跳过去（由于数据集巨大，忽略这种极少数的坏记录是可以接受的），然后继续执行，这就是 Hadoop 中的忽略模式（skipping 模式）。当忽略模式启动时，如果任务连续失败两次，它会将自己正在处理的记录告诉 TaskTracker，然后 TaskTracker 会重新运行该任务并在运行先前任务报告的记录时直接跳过。从忽略模式的工作方式可以看出，忽略模式只能检测并忽略一个错误记录，因此这种机制仅适用于检测个别错误记录。如果增加任务尝试次数最大值（这由 maored.map.max.attemps 和 mapred.reduce.max.attemps 两个属性决定），可以增加忽略模式能够检测并忽略的错误记录数目。默认情况下忽略模式是关闭的，可以使用 SkipBadRedcord 类单独为 Map 和 Reduce 任务启用它。

2.4.5.4 任务执行环境

Hadoop 能够为执行任务的 TaskTracker 提供执行所需要的环境信息。例如，Map 任务

第2章 MapReduce 开发

可以知道自己所处理文件的名称、自己在作业任务群中的 ID 号等。JobTracker 分配任务给 TaskTracker 时，就会将作业的配置文件发送给 TaskTracker，TaskTracker 将此文件保存在本地。从本节前面的介绍中我们知道，TaskTracker 是在本节点单独的 JVM 上以子进程的形式执行 Map 或 Reduce 任务的。所以启动 Map 或 Reduce Task 时，会直接从父 TaskTracker 处继承任务的执行环境。表 2.4.1 列出了每个 Task 执行时使用的本地参数（从作业配置中获取，返回给 Task 的是配置信息）。

表 2.4.1　　　　　　　　　　　　**Task 本地参数表**

总称	类型	描述
Mapred.job.id	String	Job id
Mapred.jar	String	Job 目录下 job.jar 的位置
Job.local.dir	String	Job 指定的共享存储空间
Mapred.tip.id	String	Task id
Mapred.task.id	String	Task 尝试 id
Mapred.task.is.map	boolean	是否为 map task
Mapred.task.partition	Int	Task 在 job 中的 id
Map.input.file	String	Map 读取的文件名
Map.input.start	long	Map 输入的数据块的起始位置偏移
Map.input.length	long	Map 输入的数据块的字节数
Mapred.work.output.dir	String	Task 临时输出目录

当 Job 启动时，TaskTracker 会根据配置文件创建 Job 和本地缓存。TaskTracker 的本地目录是 ${mapred.local.dir}/taskTracker/。在这个目录下有两个子目录：一个是作业的分布式缓存目录，路径是在本地目录后面加上 archive/；一个是本地 Job 目录，路径是在本地目录后面加上 jobcache/${jobid}/，在这个目录下保存了 Job 执行的共享目录（各个任务可以使用这个空间作为暂存空间，用于任务之间的文件共享，此目录通过 job.local.dir 参数暴露给用户）、存放 JAR 包的目录（保存作业的 JAR 文件和展开的 JAR 文件）、一个 XML 文件（此 XML 文件是本地通用的作业配置文件）和根据任务 ID 分配的任务目录（每个任务都有一个这样的目录，目录中包含本地化的任务作业配置文件，存放中间结果的输出文件目录、任务当前工作目录和任务临时目录）。

关于任务的输出文件需要注意的是，应该确保同一个任务的多个实例不会尝试向同一个文件进行写操作。因为这可能会存在两个问题，第一个问题是，如果任务失败并被重试，那么会先删除第一个任务的旧文件；第二个问题是，在推测式执行的情况下同一任务的两个实例会向同一个文件进行写操作。Hadoop 通过将输出写到任务的临时文件夹来解决上面的两个问题。这个临时目录是{mapre.out.put.dir}/_temporary/${mapred.task.id}。如果任务执行成功，目录的内容（任务输出）就会被复制到此作业的输出目录

(${mapred.out.put.dir})。因此,如果一个任务失败并重试,第一个任务尝试的部分输出就会被消除。同时推测式执行时的备份任务和原始任务位于不同的工作目录,它们的临时输出文件夹并不相同,只有先完成的任务才会把工作目录的输出内容传到输出目录,而另外一个任务的工作目录就会被丢弃。

2.5 思考题

1. 编写一个 MapReduce 程序实现排序功能。
2. Map() 函数和 Reduce() 函数的工作原理是什么?
3. 设计一个 WordCount 程序,文本输入如下:
   hello   word
   hello   hadoop
   let us start hadoop together
   运行得到相应的结果。
4. Shuffle 的功能以及执行过程是什么?

第 3 章 Hadoop 进阶

3.1 Hadoop I/O 操作

Hadoop 工程下与 I/O 相关的包如下：

org. apache. hadoop. io

org. apache. hadoop. io. compress

org. apache. hadoop. io. file. tfile

org. apache. hadoop. io. serializer

org. apache. hadoop. io. serializer. avro

除了 org. apache. hadoop. io. serializer. avro 用于为 Avro（与 Hadoop 相关的 Apache 的另一个顶级项目）提供数据序列化操作外，其余都是用于 Hadoop 的 I/O 操作。

除此之外，部分 fs 类中的内容也与本节有关，所以本节也会提及一些，不过大多是一些通用的东西，由于对 HDFS 的介绍不是本节的重点，在此不会详述。

可以说，Hadoop 的 I/O 由传统的 I/O 操作而来，但是又有些不同。第一，在我们常见的计算机系统中，数据是集中的，无论多少电影、音乐或者 Word 文档，它只会存在于一台主机中，而 Hadoop 则不同，Hadoop 系统中的数据经常是分散在多个计算机系统中的；第二，一般而言，传统计算机系统中的数据量相对较小，大多在 GB 级别，而 Hadoop 处理的数据经常是 PB 级别的。

变化就会带来问题，这两个变化带给我们的问题就是 Hadoop 的 I/O 操作不仅要考虑本地主机的 I/O 操作成本，还要考虑数据在不同主机之间的传输成本。同时 Hadoop 的数据寻址方式也要改变，才能应对庞大数据带来的寻址压力。

虽说 Hadoop 的 I/O 操作与传统方式已经有了一些变化，但是仍未脱离传统的数据 I/O 操作，因此如果熟悉传统的 I/O 操作。你会发现本节的内容非常简单。

3.1.1 I/O 操作中的数据检查

Apache 的 Hadoop 官网上有一个名为 Sort900 的具体的 Hadoop 配置实例，所谓 Sort900 就是在 900 台主机上对 9TB 的数据进行排序。一般而言，在 Hadoop 集群的实际应用中，主机的数目是很大的，Sort900 使用了 900 台主机，而淘宝目前则使用了 1100 台主机来存储他们的数据（据说计划扩充到 1500 台）。在这么多的主机同时运行时，你会发现主机损坏是非常常见的，这就会涉及很多程序上的预处理了。对于本节而言，就体现在 Hadoop 中进行数据完整性检查的重要性上。

校验和方式是检查数据完整性的重要方式。一般会通过对比新旧校验和来确定数据情况，如果两者不同则说明数据已经损坏。比如，在传输数据前生成了一个检验和，将数据传输到目的主机时再次计算检验和，如果两次的检验和不同，则说明数据已经损坏。或者在系统启动时计算校验和，如果其值和硬盘上已经存在的校验和不同，那么也说明数据已经损坏。检验和不能恢复数据，只能检测错误。

Hadoop 采用 CRC-32(Cyclic Redundancy Check——循环冗余校验，32 指生成的校验和是 32 位的)的方式检查数据完整性。这是一种非常常见的校验和验证方式，检错能力强，开销小，易于实现。如果大家有兴趣可以自行查阅资料了解。

Hadoop 采用 HDFS 作为默认的文件系统，因此我们需要讨论两方面的数据完整性：本地文件系统的数据完整性；HDFS 的数据完整性。

3.1.1.1 对本地文件 I/O 的检查

在 Hadoop 中，本地文件系统的数据完整性由客户端负责。重点是在存储和读取文件时进行校验和的处理。

具体做法是，每当 Hadoop 创建文件 a 时，Hadoop 就会同时在同一个文件夹下创建隐藏文件 .a.crc，这个文件记录了文件 a 的校验和针对数据文件的大小，每 512 个字节 Hadoop 就会生成一个 32 位的校验和(4 字节)，你可以在 src/core/core-default.xml 中通过修改 io.byte.per.checksum 的大小来修改每个校验和所针对的文件的大小。如下所示：

```
<property>
  <name>io.byte.per.checksum</name>
  <value>512</value>
  <description>The number of bytes per checksum. Must not be larger than io.file.buffer.size.</description>
</property>
```

一般来说，主流的文件系统都能在一定程度上保证数据的完整性，因此有可能你并不需要 Hadoop 的这部分功能。如果不需要，你可以通过修改文件 src/core/core-default.xml 中 fs.file.impl 的值来禁用校验和机制，如下所示：

```
<property>
  <name>fs.file.impl</name>
  <value>org.apache.hadoop.fs.LocalFileSystem</value>
  <description>The FileSystem for file: uris.</description>
</property>
```

把值修改为 org.apache.hadoop.fs.RawLocalFileSystem 即可禁用校验和机制。

如果你只想在程序中对某些读取禁用校验和检验，那么你可以声明 RawLocalFileSystem 实例。例如：

```
FileSystem fs = new RawFileSystem();
Fs. initialize(null, conf);
```

在 Hadoop 中，校验和系统单独为一类——org. apache. hadoop. fs. ChecksumFileSystem，当需要校验和机制时，你可以很方便地调用它来为你服务。

引用方法为：

```
FileSystem rawFS = ...;
FileSystem checksumFS = new ChecksumFileSystem(rawFS);
```

事实上，org. apache. hadoop. fs. ChecksumFileSystem 是 org. apache. hadoop. fs. FileSystem 子类的子类，其继承关系如下：

java. lang. Object
    org. apache. hadoop. conf. Configured
        org. apache. hadoop. fs. FileSystem
            org. apache. hadoop. fs. FilterFileSystem
                org. apache. hadoop. fs. ChecksumFileSystem
                    org. apache. hadoop. fs. LocalFileSystem

如果大家对这些类的作用感兴趣，可以查阅 Hadoop 的 API 文档，地址为 http：//hadoop. apache. org/common/docs/current/api/index. html。

读取文件时，如果 ChecksumFileSystem 检测到错误，便会调用 reportChecksumFailure。这是一个布尔类型的函数，此时，LocalFileSystem 会把这些问题文件及其校验和一起移动到同一台主机的次级目录下，命名为 bad files。一般而言，使用者需要经常处理这些文件。

3.1.1.2 对 HDFS 的 I/O 数据进行检查

一般来说，HDFS 会在三种情况下检验和校验 I/O 数据。

(1) DataNode 接收数据后存储数据前

要了解这种情况，大家先要了解 DataNode 一般会在什么时候接收数据。它接收数据一般有两种情况：一是用户从客户端上传数据；二是 DataNode 从其他 DataNode 上接收数据。一般来说，客户端往往也是 DataNode，不过有时候客户端仅仅是客户端而已，并不是 Hadoop 集群中的节点。当客户端上传数据时，Hadoop 会根据预定规则形成一条数据管线。图 3.1.1 就是一个典型的副本管线（数据备份为 3）。数据 0 是原数据，数据 1、数据 2、数据 3 是备份。

数据将按管线流动以完成数据的上传及备份过程，图 3.1.1 中，顺序就是先在客户端这个节点上保存数据（在这张图上，客户端也是 Hadoop 集群中的一个节点）。注意这个流动的过程，备份 1 在接收数据的同时也会把接收到的数据发送给备份 2 所在的机器，因此如果过程执行顺利，三个备份形成的时间相差不多（相对依次备份而言）。这里面涉及一

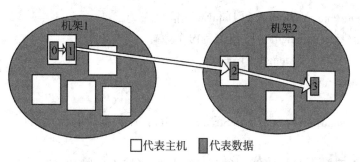

图 3.1.1　数据管线及数据备份流程图

个负载均衡的问题，不过这个问题不是本节的重点，这里不再详述。我们在这里只关心数据完整性的问题。在传输数据的最开始阶段，Hadoop 会简单地检查数据块的完整性信息，这一点从 DataNode 的源代码也可以看出。下面是 DataNode 在各个待传输节点之间传输数据的主要函数 transferBlock(Block block, DataNodeInfo xferTargets[ ])，其中检查的主要代码如下：

```
//检查数据块是否真正存在
if(! data.isValidBlock(block)){
……
return;
}
//检查 NameNode 上数据块长度和硬盘数据块长度是否匹配
long onDiskLength = data.getLength(block);
if(block.getNumBytes( )>onDiskLength){
……
return;
}
```

上面简单地检查之后，就开始向各个 DataNode 传输数据，在传输过程中会一同发送数据头信息，包括块信息、源 DataNode 信息、备份个数、校验和等，可参考 DataTransfer 中 run 函数的部分代码：

```
//数据头信息 out.writeShort(DataTransferProtocol.DATA_TRANSFER_VERSION);
//数据传输版本
out.writeByte(DataTransferProtocol.OP_WRITE_BLOCK);
out.writeLong(b.getBlockId( )); //块 ID
out.writeLong(b.getGenerationStamp( )); //生成时间戳
```

```
……
srcNode.write(out);  //写入源 DataNode 信息
out.writeInt(targets.length - 1);  //备份个数
for(int i=1; i<targets.length; i++){
    targets[i].write(out);
}
blockSender.sendBlock(out, baseStream, null);  //数据块和校验和
```

Hadoop 不会在数据每流动到一个 DataNode 时都检查校验和，它只会在数据流动到最后一个节点时才检验校验和。也就是说 Hadoop 会在备份 3 所在的 DataNode 接收完数据后检查校验和。具体核心代码如 BlockSender.java 中的部分代码：

```
//通过设置的 DataNode 序列流正常传输数据
IOUtils.readFully(blockIn, buf, dataoff, len);
//传输结束后，根据配置的 verifyChecksum 来检测数据完整性
if(verifyChecksum){
……
for(int i=0; i<numChunks; i++){
    checksum.reset();
    int dLen=Math.min(dLeft, bytesPerChecksum);
    checksum.update(buf, dOff, dLen);
    if(! checksum.compare(buf, cOff){
        throw new ChecksumException("checksum failed at "+(offset+len-dLeft), len);
    }
}
……
}
```

这就是从客户端上传数据时 Hadoop 对数据完整性检测进行的相关处理。

DataNode 从其他 DataNode 接收数据时也是同样的处理过程。

（2）客户端读取 DataNode 上的数据时

Hadoop 在客户端读取 DataNode 上的数据时，使用 DFSClient 中的 read 函数先将数据读入到用户的数据缓冲区，然后再检验校验和。具体代码片段如下：

```
//读取数据到缓冲区
int nRead = super.read(buf, off, len);
if(dnSock ! = null && gotEOS && ! eosBefore && nRead >=0 && needChecksum()){
    //检查校验和
```

checksumOk(dnSock);
}

(3) DataNode 后台守护进程的定期检测

DataNode 会在后台运行 DataBlockScanner，这个程序会定期检测此 DataNode 上的所有数据块。从 DataNode.java 中 startDataNode 函数的源代码就可以看出：

//根据配置信息初始化 DataNode 上的定期数据扫描器
String reason = null;
if(conf.getInt("dfs.DataNode.scan.period.hours", 0) < 0){
reason = "verification is turned off by configuration";
}else if(!(data instanceof FSDataset)){
reason = "verification is supported only with FSDataset";
}

if(reason == null){
blockScanner = new DataBlockScanner(this, (FSDataset)data, conf);
}else{
LOG.info("Periodic Block Verification is disabled because:"+reason+".");
}
……
//将扫面服务加入 DataNode 服务中
this.infoServer.addServlet(null, "/blockScannerReport", DataBlockScanner.Servlet.class);
……
this.infoServer.start();

3.1.1.3 数据恢复策略

在 Hadoop 上进行数据读操作时，如果发现某数据块失效，读操作涉及的用户、DataNode 和 NameNode 都会尝试来恢复数据块，恢复成功后会设置标签，防止其他角色重复恢复。下面以 DataNode 端的恢复为例说明恢复数据块的详细步骤，代码参见 DataNode 中的 recoverBlock 函数。

(1) 检查已恢复标签

检查一致的数据块恢复标记，如果已经恢复，则直接跳过恢复阶段。

//如果数据块已经被恢复，则直接跳过恢复阶段
synchronized(ongoingRecovery){
Block tmp = new Block();

```
        tmp. set ( block. getBlockId ( ), block. getNumBytes ( ), GenerationStamp. WILDCARD _
STAMP);
    if( ongoingRecovery. get( tmp) ! = null){
        String msg = "Block" +block+" is already being recovered," +" ignoring this request to
recover it. ";
        LOG. info( msg);
        throw new IOException( msg);
    }
    ongoingRecovery. put( block, block);
}
```

(2)统计各个备份数据块恢复状态

在这个阶段,DataNode 会检查所有出错数据块备份的 DataNode,查看这些节点上数据块的恢复信息,然后将所有版本正确的数据块信息、DataNode 信息作为一条记录保存在数据块记录表中。

```
//检查每个数据块备份 DataNode
for( DataNodeID id : datanodeids){
    try{
        //获取数据块信息
        BlockRecoveryInfo info = datanode. startBlockRecovery( block);
        //数据块已不存在
        if( info = = null){
            continue;
        }
        //数据块版本较晚
        if( info. getBlock( ). getGenerationStamp( ) < block. getGenerationStamp( )){
            continue;
        }
        //正确版本数据块的信息保存起来
        blockRecords. add( new BlockRecord( id, datanode, info));
        if( info. wasRecoveryOnStartup( )){
            rwrCount++; //等待回复数
        } else {
            rbwCount++; //正在回复数
        }
    } catch( IOException e){
```

```
        ++ errorCount;  //出错数
    }
}
```

（3）找出所有正确版本数据块中最小长度的版本

在这一步骤中，DataNode 会逐个扫描上一阶段中保存的数据块记录，首先判断当前副本是否正在恢复，如果正在恢复则跳过，如果不是正在恢复并且配置参数设置了恢复需要保持原副本长度，则将恢复长度相同的副本加入待恢复队列，否则将所有版本正确的副本加入待恢复队列。

```
for( BlockRecord record : blockRecores) {
    BlockRecoveryInfo info = record.info;
    if( ! shouldRecoverRwrs && info.wasRecoveredOnStartup( ) ) {
        continue;
    }
    if( keepLength) {
        if( info.getBlock( ).getNumBytes( ) = = block.getNumBytes( ))
            {syncList.add(record)}
        }else{
            syncList.add(record);
            if( info.getBlock( ).getNumBytes( ) < minLength) {
                minLength = info.getBlock( ).getNumBytes( );
            }
        }
    }
}
```

（4）副本同步

如果需要保持副本长度，那么直接同步长度相同的副本即可，否则以长度最小的副本同步其他副本。

```
if( ! keepLenth) {
    block.setNumBytes( minLength);
}
return syncBlock( block, syncList, targets, closeFile);
```

与读取本地文件的情况相同，用户也可以使用命令来禁用校验和检验（从前面的代码中也可以看出，通常在检查校验和之前都有 needChecksum 等选项）。有两种方法可以达到这个目的。

一个是在使用open( )读取文件前，设置FileSystem中的setVerifyChecksum值为false。

FileSystem fs = new FileSystem( );
fs. setVerifyChecksum(false) ;

另一个是使用shell命令，比如get命令和copyToLocal命令。
get命令的使用方法如下所示：
hadoop fs -get [-ignoreCrc] [-crc] <scr> <localdst>
  举个例子：hadoop fs -get -ignoreCrc input ~/Desktop/
get命令会复制文件到本地文件系统。可用-ignorecrc选项复制CRC校验失败的文件，或者使用-crc选项复制文件，以及CRC信息。
copyToLocal的使用方法如下所示：
hadoop fs-copyToLocal [-ignorecrc] [-crc] URI <localdst>
  再举个例子：hadoop fs -copyToLocal -ignoreCrc input ~/Desktop
除了要限定目标路径是一个本地文件外，其他和get命令类似。
禁用校验和检验的最主要目的并不是节约时间，用于检验校验和的开销一般情况都是可以接受的，禁用校验和检验的主要原因是，如果不禁用校验和检验，就无法下载那些已经损坏的文件来查看是否可以挽救，而有时候即使是只能挽救一小部分文件也是很值得的。

3.1.2 数据的压缩

对于任何大容量的分布式存储系统而言，文件压缩都是必须的，文件压缩带来了两个好处：减少了文件所需的存储空间，加快了文件在网络上或磁盘间的传输速度。

Hadoop关于文件压缩的代码几乎都在package org. apache. hadoop. io. compress 中，本节的内容将会主要围绕这一部分展开。

3.1.2.1 Hadoop对压缩工具的选择

有许多压缩格式和压缩算法是可以应用到 Hadoop 中的，但是不同的算法都有各自的特点。DEFLATE，Gzip，bzip2，Zlib 是 Hadoop 中使用的一些压缩算法。

表 3.1.1　　　　　　　　　　　压缩格式及编码解码器

压缩格式	Hadoop 压缩编码/解码器
DEFLATE	org. apache. hadoop. io. compress. DefaultCodec
Gzip	org. apache. hadoop. io. compress. GzipCodec
bzip2	org. apache. hadoop. io. compress. Bzip2Codec
Zlib	org. apache. hadoop. io. compress. zlib

表 3.1.2　　　　　　　　　　　　压缩格式和特点

压缩格式	工具	算法	文件扩展名	多文件	可分割性
DEFLATE *	无	DEFLATE	.deflate	否	否
Gzip	gzip	DEFLATE	.gz	否	否
bzip2	bzip2	bzip2-	.bz2	否	是
Zlib	zlib	DEFLATE	.gz	否	否

压缩一般都是在时间和空间上的一种权衡。一般来说，更长的压缩时间会节省更多的空间。不同的压缩算法之间有一定的区别，而同样的压缩算法在压缩不同类型的文件时表现也不同。jeff 的试验比较报告中包含了面对不同文件在各种要求（最佳压缩、最快速度等）下的最佳压缩工具。如果大家感兴趣可以自行查阅，地址为 http://compression.ca/act/act-summary.html（这个地址是总体评价，此网站还有不同压缩工具面对不同类型文件时的具体表现）。

3.1.2.2　压缩分割和输入分割

压缩分割和输入分割是很重要的内容，比如，如果需要处理经 Gzip 压缩后的 5GB 大小的文件，按前面介绍过的分割方式，Hadoop 会将其分割为 80 块（每块 64MB，这是默认值，可以根据需要修改）。但是这是没有意义的，因为在这种情况下，Hadoop 不会分割存储 Gzip 压缩的文件，程序无法分开读取每块的内容，那么也就无法创建多个 Map 程序分别来处理每块内容。

而 bzip2 的情况就不一样了，它支持文件分割，用户可以分开读取每块内容并分别处理之，因此 bzip2 压缩的文件可分割存储。

3.1.2.3　在 MapReduce 程序中使用压缩

在 MapReduce 程序中使用压缩非常简单，只需在它进行 Job 配置时配置好 conf 就可以了。

设置 Map 处理后压缩数据的代码示例如下：

JobConf conf = new JobConf();
conf.setBoolean("mapred.compress.map.output", true);

设置 output 输出压缩的代码示例如下：

JobConf conf = new JobConf();
conf.setBoolean("mapred.output.compress", true);
conf.setClass("mapred.output.compression.codec", GzipCodec.class, CompressionCodec.class);

对一般情况而言，压缩总是好的，无论是对最终结果的压缩还是对 Map 处理后的中间数据进行压缩。对 Map 而言，它处理后的数据都要输出到硬盘上并经过网络传输，使用数据压缩一般都会加快这一过程。对最终结果的压缩不单会加快数据存储的速度，也会节省硬盘空间。

下面我们做一个实验来看看在 MapReduce 中使用压缩与不使用压缩的效率差别。

先来介绍一下我们的实验环境：这是由四台主机组成的一个小集群（一台 Master，三台 Salve）。输入文件为未压缩的大约为 300MB 的文件，它是由随机的英文字符串组成的，每个字符串都是 5 位的英文字母（大小写被认为是不同的），形如"AdEfr"，以空格隔开，每 50 个一行，共 50 000 000 个字符串。对这个文件进行 WordCount。Map 的输出压缩采用默认的压缩算法，output 的输出采用 Gzip 压缩方法，我们关注的内容是程序执行的速度差别。

执行压缩操作的 WordCount 程序与基本的 WordCount 程序相似，只需在 conf 设置时写入以下几行代码：

conf.setBoolean("mapred.compress.map.output", true);
conf.setBoolean("mapred.output.compress", true);
conf.setIfUnset("mapred.output.compression.type", "BLOCK");
conf.setClass("mapred.output.compression.codec", GzipCodec.class, CompressionCodec.class);

下面分别执行编译打包两个程序，在运行时用 time 命令记录程序的执行时间，如下所示：

time bin/hadoop jar WordCount.jar WordCount XWTInput xwtOutput
real 12m41.308s
time bin/hadoop jar CompressionWordCount.jar CompressionWordCount XWTInput xwtOutput2
real 8m9.714s

CompressionWordCount.jar 是带压缩的 WordCount 程序的打包，从上面可以看出执行压缩的程序要比不压缩的程序快 4 分钟，或者说，在这个实验环境下，使用压缩会使 WordCount 效率提高大约三分之一。

3.1.3 数据的 I/O 序列化操作

序列化是将对象转化为字节流的方法，或者说用字节流描述对象的方法。与序列化相对的是反序列化，反序列化是将字节流转化为对象的方法。序列化有两个目的：

（1）进程间通信；
（2）数据持久性存储。

Hadoop 采用 RPC 来实现进程间通信。一般而言，RPC 的序列化机制有以下特点：

（1）紧凑：紧凑的格式可以充分利用带宽，加快传输速度；

（2）快速：能减少序列化和反序列化的开销，这会有效地减少进程间通信的时间；

（3）可扩展：可以逐步改变，是客户端与服务器端直接相关的，例如，可以随时加入一个新的参数方法调用；

（4）互操作性：支持不同语言编写的客户端与服务器交换数据。

Hadoop 也希望数据持久性存储同样具有以上这些优点，因此它的数据序列化机制就是依照以上这些目的而设计的（或者说是希望设计成这样）。

在 Hadoop 中，序列化处于核心地位。因为无论是存储文件还是在计算中传输数据，都需要执行序列化的过程。序列化与反序列化的速度，序列化后的数据大小等都会影响数据传输的速度，以致影响计算的效率。正是因为这些原因，Hadoop 并没有采用 Java 提供的序列化机制（Java Object Serialization），而是自己重新写了一个序列化机制 Writables。Writables 具有紧凑、快速的优点（但不易扩展，也不利于不同语言的互操作），同时也允许对自己定义的类加入序列化与反序列化方法，而且很方便。

3.1.3.1 Writable 类

Writable 是 Hadoop 的核心，Hadoop 通过它定义了 Hadoop 中基本的数据类型及其操作。一般来说，无论是上传下载数据还是运行 Mapreduce 程序，你无时无刻不需要使用 Writable 类，因此 Hadoop 中具有庞大的一类 Writable 类（见下图），不过 Writable 类本身却很简单。

Writable 类中只定义了两个方法：

//序列化输出数据流
void write(DataOutput out) throws IOException
//反序列化输入数据流
void readFields(DataInput in) throws IOException

Hadoop 还有很多其他的 Writable 类。比如 WritableComparable、ArrayWritable、TwoDArrayWritable 及 AbstractMapWritable，它们直接继承自 Writable 类。还有一些类，如 BooleanWritable、ByteWritable 等，它们不是直接继承于 writable 类，而是继承自 WritableComparable 类。Hadoop 的基本数据类型就是由这些类构成的。这些类构成了以下的层次关系（如图 3.1.2 所示）。

3.1.3.2 Hadoop 的比较器

WritableComparable 是 Hadoop 中非常重要的接口类。它继承自 org.apache.hadoop.io.Writable 类和 java.lang.Comparable 类。WritableComparator 是 Writablecomparable 的比较器，它是 RawComparator 针对 Writablecomparable 类的一个通用实现，而 RawComparator 则继承自 java.util.Comparator，它们之间的关系如图 3.1.3 所示。

这两个类对 MapReduce 而言至关重要，大家都知道，MapReduce 执行时，Reducer（执行 Reduce 任务的机器）会搜集相同 key 值的 key/value 对，并且在 Reduce 之前会有一个排序过程，这些键值的比较都是对 Writablecomparable 类型进行的。

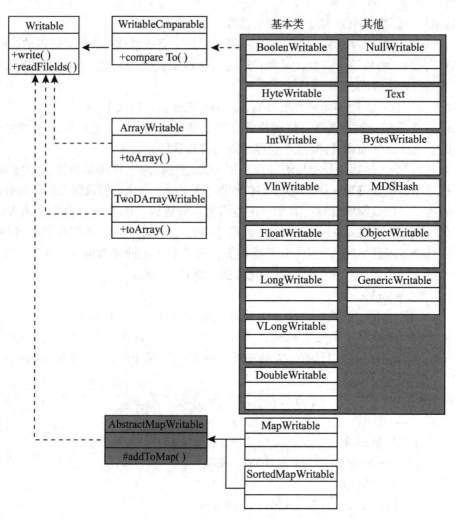

图 3.1.2　Writable 类层次关系图

Hadoop 在 RawComparator 中实现了对未反序列化对象的读取。这样做的好处是，可以不必创建对象就能比较想要比较的内容(多是 key 值)，从而省去了创建对象的开销。例如，大家可以使用如下函数，对指定了开始位置(s1 和 s2)及固定长度(l1 和 l2)的数组进行比较：

public interface RawComparator<T> extends Comparator<T>{
public int compare(byte[ ] b1, int s1, int l1, byte[ ] b2, int s2, int l2);
}

WritableComparator 是 RawComparator 的子类，在这里，添加了一个默认的对象进行反序列化，并调用了比较函数 compare( )进行比较。下面是 WritableComparator 中对固定字节反序列化的执行情况，以及比较的实现过程：

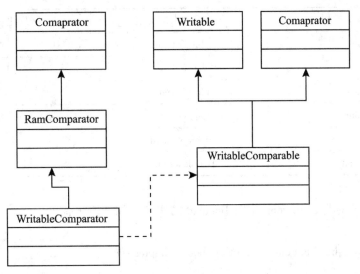

图 3.1.3　WritableComparable 和 WritableComparablor 类层次关系图

```
public int compare(byte[ ] b1, int s1, int l1, byte[ ] b2, int s2, int l2){
try{
    buffer.reset(b1, s1, l1); //parse key1
    key1.readFields(buffer);

    buffer.reset(b2, s2, l2); //parse key2
    key2.readFields(buffer);
}catch(IOException e){
    throw new RuntimeException(e);
}
return compare(key1, key2);
}
```

3.1.3.3　Writable 类中的数据类型
(1) 基本类

Writable 中封装有很多 Java 的基本类，如表 3.1.3 所示。

表 3.1.3　**Writable 中的 Java 基本类**

Java 基本类型	Writable 中的类型	序列化后字节数
Boolean	BooleanWritable	1
Byte	ByteWritable	1

续表

Java 基本类型	Writable 中的类型	序列化后字节数
Int	IntWritable	4
	VIntWritable	1~5
Float	FloatWritable	4
Long	LongWritable	8
	VLongWritable	1~9
Double	DoubleWritable	8

其中最简单的要数 Hadoop 中对 Boolean 的实现,如下所示:

```java
package.cn.edn.ruc.cloudcomputing.book.chapter07;

import java.io.*;
import org.apache.hadoop.io.WritableComparable;
import org.apache.hadoop.io.WritableComparator;
public class BooleanWritable implements WritableComparable{
private boolean value;
public BooleanWritable(){};
public BooleanWritable(boolean value){
    set(value);
}
public void set(boolean value){
    this.value = value;
}
public boolean get(){
    return value;
}
public void readFields(DataInput in) throws IOException{
    value = in.readBoolean();
}
public void write(DataOutput out) throws IOException{
    out.writeBoolean(value);
}
public boolean equals(Object o){
    if(!(o instanceof BooleanWritable)){
        return false;
```

```java
        }
        BooleanWritable other = (BooleanWritable) o;
        return this.value == other.value;
    }
    public int hashCode(){
        return value ? 0 : 1;
    }
    public int compareTo(Object o){
        boolean a = this.value;
        boolean b = ((BooleanWritable) o).value;
        return ((a == b) ? 0 : (a == false) ? -1 : 1);
    }
    public String toString(){
        return Boolean.toString(get());
    }
    public static class Comparator extends WritableComparator{
        public Comparator(){
            super(BooleanWritable.class);
        }
        public int compare(byte[] b1, int s1, int l1, byte[] b2, int s2, int l2){
            boolean a = (readInt(b1, s1) == 1) ? true : false;
            boolean b = (readInt(b2, s2) == 1) ? true : false;
            return ((a==b)? 0: (a==false)? -1: 1);
        }
    }
    static{
        WritableComparator.define(BooleanWritable.class, new Comparator());
    }
}
```

可以看到 Hadoop 直接将 boolean 写入到字节流(out.writeBoolean(value))中了,并没有采用 Java 的序列化机制。同时,除了构造函数、set()函数、get()函数等外,Hadoop 还定义了三个用于比较的函数:equals()、compareTo()、compare()。前两个很简单,第三个就是前文中重点介绍的比较器。Hadoop 中封装定义的其他 Java 基本数据类型(如 Boolean、byte、int、float、long、double)都是相似的。

如果大家对 Java 流处理比较了解的话可能会知道,Java 流处理中并没有 DataOutput.writeVInt()。实际上,这是 Hadoop 自己定义的变长类型(VInt, VLong),而且 VInt 和 VLong 的处理方式实际上是一样的。

```
public static void writeVInt(DataOutput stream, int i) throws IOException{
    writeVLong(stream, i);
}
```

Hadoop 对 VLong 类型的处理方法如下：

```
public static void writeVLong(DataOutput stream, long i) throws IOException{
    if(i >= -112 && i <= 127){
        stream.writeByte((byte)i);
        return;
    }
    int len = -112;
    if(i<0){
        i^=-1L;  //take one's complement'
        len = -120;
    }
    long tmp = i;
    while(tmp != 0){
        tmp = tmp >> 8;
        len --;
    }
    stream.writeByte((byte)len);
    len = (len < -120) ? -(len + -120) : -(len + 112);
    for(int idx = len; idx != 0; idx--){
        int shiftbits = (idx - 1)*8;
        long mask = 0xFFL<<shiftbits;
        stream.writeByte((byte)((i&mask) >> shiftbits));
    }
}
```

上面代码的意思是如果数值较小（在-112~127），那么就直接将这个数值写入数据流内（stream.writeByte((byte)i）、如果不是，则先用 len 表示字节长度与正负，并写入数据流中，然后在其后写入这个数值。

(2) 其他类

下面将按照先易后难的顺序一一讲解。

①NullWritable。这是一个占位符，它的序列化长度为零，没有数值从流中读出或是写入流中。

```
public void readFileds(DataInput in) throws IOException{}
public void write(DataOutput out) throws IOException{}
```

在任何编程语言或编程框架时，占位符都是很有用的，这个类型不可以和其他类型比较，在 MapReduce，你可以将任何键或值设为空值。

②BytesWritable 和 ByteWritable。ByteWritable 是一个二进制数据的封装。它的所有方法都是基于单个 Byte 来处理的。BytesWritable 是一个二进制数据数组的封装。它对输出流的处理如下所示：

```
public BytesWritable(byte[] bytes){
 this.bytes = bytes;
 this.size = bytes.length;
}
public void write(DataOutput out) throws IOException{
 out.writeInt(size);
 out.write(bytes, 0, size);
}
```

可以看到，它首先会把这个二进制数据数组的长度写入输入流中，这个长度一般是在声明时所获得的二进制数据数组的实际长度。当然这个值也可以人为设定。如果要把长度为 3、位置为 129 的字节数组序列化，根据程序可知，结果应为：

Size = 00000003 bytes[] = {(01), (02), (09)}

数据流中的值就是：00000003010209

③Text。这可能是这几个自定义类型中相对复杂的一个了。实际上，这是 Hadoop 中对 String 类型的重写，但是又与其有一些不同。Text 使用标准的 UTF-8 编码，同时 Hadoop 使用变长类型 VInt 来存储字符串，其存储上限是 2GB。

Text 类型与 String 类型的主要差别如下：

String 的长度定义为 String 包含的字符个数；Text 的长度定义为 UTF-8 编码的字节数。

String 内的 indexOf() 方法返回的是 char 类型字符的索引，比如字符串(1234)，字符 3 的位置就是 2(字符 1 的位置是 0)；而 Text 的 find() 方法返回的是字节偏移量。

String 的 charAt() 方法返回的是指定位置的 char 字符；而 Text 的 charAt() 方法需要指定偏移量。

另外，Text 内定义了一个方法 toString()，它用于将 Text 类型转化为 String 类型。

看如下这个例子：

```
package com.uicc.li8;
```

```java
import org.apache.hadoop.io.Text;

public class MyMapre {
    public static void strings() {
        String s = "\u0041\u00DF\u6771\uD801\uDC00";
        System.out.println(s.length());
        System.out.println(s.indexOf("\u0041"));
        System.out.println(s.indexOf("\u00DF"));
        System.out.println(s.indexOf("\u6771"));
        System.out.println(s.indexOf("\uD801\uDC00"));
    }
    public static void texts() {
        Text t = new Text("\u0041\u00DF\u6771\uD801\uDC00");
        System.out.println(t.getLength());
        System.out.println(t.find("\u0041"));
        System.out.println(t.find("\u00DF"));
        System.out.println(t.find("\u6771"));
        System.out.println(t.find("\uD801\uDC00"));
    }
    public static void main(String args[]) {
        strings();
        texts();
    }
}
```

输出结果为:

5
0
1
2
3
10
0
1
3
6

上面例子可以验证前面所列的那些差别。

④ObjectWritable。ObjectWritable 是一种多类型的封装。可以适用于 Java 的基本类型、字符串等。不过，这并不是一个好办法，因为 Java 在每次被序列化时，都是写入被封装类型的类名。但是如果类型过多，使用静态数组难以表示时，采用这个类仍是不错的做法。

⑤ArrayWritable 和 TwoDArrayWritable。ArrayWritable 和 TwoDArrayWritable，顾名思义，是针对数组和二维数组构建的数据类型。这两个类型声明的变量需要在使用时指定类型，因为 ArrayWritable 和 TwoDArrayWritable 并没有空值的构造函数。

ArrayWritable a = new ArrayWritable(IntWritable.class)

同样，在声明它们的子类时，必须使用 super() 来指定 ArrayWritable 和 TwoDArrayWritable 的数据类型。

```
public class IntArrayWritable extends ArrayWritable{
  public IntArrayWritable(){
      super(IntWritable.class);
  }
}
```

一般情况下，ArrayWritable 和 TwoDArrayWritable 都有 set() 和 get() 函数，在将 Text 转化为 String 时，它们也都提供了一个转化函数 toArray()。但是它们没有提供比较器 comparator，这点需要注意。同时从 TwoDArrayWritable 的 write 和 readFileds 可以看出是横向读写的，同时还会读写每一维的数据长度。

```
public class readFields(DataInput in) throws IOException{
for(int i=0; i<values.length; i++){
    for(int j=0; j<values[i].length; j++){
        ……
        value.readFields(in);
        values[i][j] = value; //保存读取的数据
    }
  }
}

public void write(DataOutput out) throws IOException{
 for(int i=0; i<values.length; i++){
     out.writeInt(values[i].length);
 }
 for(int i=0; i<values.length; i++){
```

```
            for(int j=0; j<values[i].length; j++){
                values[i][j].write(out);
            }
        }
    }
}
```

⑥ MapWritable 和 SortedMapWritable。MapWritable 和 SortedMapWritable 分别是 java.util.Map() 和 java.util.SortedMap() 的实现。

这两个实例是按照如下格式声明的：

private Map<Writable, Writable> instance;

private SortedMap<WritableComparable, Writable> instance;

我们可以用 Hadoop 定义的 Writable 类型来填充 key 或 value，也可以使用自己定义的 Writable 类型来填充。

在 java.util.Map() 和 java.util.SortedMap() 中定义的功能，如 getKey()、getValue()、keySet() 等，在这两个类中均有实现。Map 的使用也很简单，见如下程序，需要注意的是，不同 key 值对应的 value 数据类型可以不同。

```
package cn.edn.rm.cloodcomputing.book.chapter07;

import java.io.*;
import java.util.*;
import org.apache.hadoop.io.*;

public class MyMapre{
    public static void main(String args[]) throws IOException{
        MapWritable a = new MapWritable();
        a.put(new IntWritable(1), new Text("Hello"));
        a.put(new IntWritable(2), new Text("World"));

        MapWritable b = new MapWritable();
        WritableUtils.cloneInto(b, a);
        System.out.println(b.get(new IntWritable(1)));
        System.out.println(b.get(new IntWritable(2)));
    }
}
```

显示结果为

Hello
World

⑦CompressedWritable。CompressWritable 是保存压缩数据的数据结构。与之前介绍的数据结构不同，它实现 Writable 接口，主要面向在 Map 和 Reduce 阶段中的大数据对象操作，对这些大数据对象的压缩能够大大加快数据的传输速率。它的主要数据结构是一个 byte 数组，提供给用户必须实现的函数是 readFieldsCompressed 和 writeCompressed。CompressedWritable 在读取数据时先读取二进制字节流，然后调用 ensureInflated 函数进行解压，在写数据时，将输出的二进制字节流封装成压缩后的二进制字节流。

⑧GenericWritable。这个数据类型是一个通用的数据封装类型。由于是通用的数据封装，它需要保存数据和数据的原始类型，其数据结构如下：

```
private static final byte NOT_SET =-1;
private byte type = NOT_SET;
private Writable instance;
private Configuration conf = null;
```

由于其特殊的数据结构，在读写时也需要读写对应的数据结构：实际数据和数据类型，并且要保证固定的顺序。

```
public void readFields(DataInput in) throws IOException{
//先读取数据类型
type = in.readByte();
……
//再读取数据
instance.readFields(in);
}

public void write(DataOutput out) throws IOException{
if(type==NOT_SET || instance == null)
    throw new IOException("The GenericWritable has NOT been set correctly. type ="+
type+", instance="+instance);
//先写出数据类型
out.writeByte(type);
//在写出数据
instance.write(out);
}
```

⑨VersionedWritable。VesionedWritable 是一个抽象的版本检查类,它主要保证在一个类的发展过程中,使用旧类编写的程序仍然能由新类解析处理。在这个类的实现中只有简单的三个函数:

```
//返回版本信息
public abstract byte getVersion( ) {
//写出版本信息
public void write(DataOutput out) throws IOException{
    out.writeByte(getVersion( ));
}

//读入版本信息
public void readFields(DataInput in) throws IOException{
    byte version = in.readByte( );
    if(version! = getVersion( ))
        throw new VersionMismatchException(getVersion( ), version);
    }
}
```

3.1.3.4 实现自己的 Hadoop 数据类型

实现自定义的 Hadoop 数据类型具有非常重要的意义。虽然 Hadoop 已经定义了很多有用的数据类型,但在实际应用中,我们总是需要定义自己的数据类型以满足程序的需要。

我们定义一个简单的整数对<LongWritable, LongWritable>,这个类可以用来记录文章中单词出现的位置,第一个 LongWritable 代表行数,第二个 LongWritable 代表它是该行的第几个单词。定义 NumPair,如下所示:

```
package com.uicc.li8;

import java.io.*;
import org.apache.hadoop.io.*;

public class NumPair implements WritableComparable<NumPair>{
    private LongWritable line;
    private LongWritable localhost;

    public NumPair( ){
        set(new LongWritable(0), new LongWritable(0));
    }
    public void set(LongWritable first, LongWritable second){
        this.line = first;
```

```java
        this.localhost = second;
    }
    public NumPair(LongWritable first, LongWritable second) {
        set(first, second);
    }
    public NumPair(int first, int second) {
        set(new LongWritable(first), new LongWritable(second));
    }
    public LongWritable getLine() {
        return line;
    }
    public LongWritable getLocation() {
        return localhost;
    }
    @Override
    public void readFields(DataInput in) throws IOException {
        line.readFields(in);
        localhost.readFields(in);
    }
    @Override
    public void write(DataOutput out) throws IOException {
        line.write(out);
        localhost.write(out);
    }
    public boolean equals(NumPair o) {
        if((this.line == o.line) && (this.localhost == o.localhost))
            return true;
        return false;
    }
    @Override
    public int hashCode() {
        return line.hashCode() * 13+localhost.hashCode();
    }
    @Override
    public int compareTo(NumPair o) {
        if((this.line == o.line) && (this.localhost == o.localhost))
            return 0;
```

```
        return -1;
   }
}
```

3.1.4 针对 Mapreduce 的文件类

Hadoop 定义了一些文件数据结构以适应 Mapreduce 编程框架的需要，其中 SequenceFile 和 MapFile 两种类型非常重要，Map 输出的中间结果就是由它们表示的。其中，MapFile 是经过排序并带有索引的 SequenceFile。

3.1.4.1 SequenceFile 类

SequenceFile 记录的是 key/value 对的列表，是序列化之后的二进制文件，因此是不能直接查看的，我们可以通过如下命令来查看这个文件的内容。

hadoop fs -text MySequence(你的 SequenceFile 文件)

Sequence 有三种不同类型的结构：

(1)未压缩的 key/value 对；

(2)记录被压缩的 key/value 对(这种情况下只有 value 被压缩)；

(3)Block 压缩的 key/value 对(在这种情况下，key 与 value 被分别记录到块中并压缩)。

下面详细介绍它们的结构。

3.1.4.2 未压缩和只压缩 value 的 SequenceFile 数据格式

未压缩和只压缩 value 的 SequenceFile 的数据格式基本是相同的。Header 是头，它记录的内容如图 3.1.4 所示，现在一一对其进行解释：

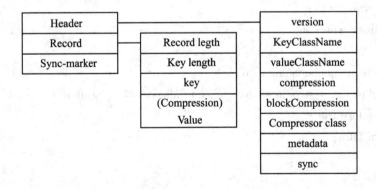

图 3.1.4　SequenceFile 数据格式(未压缩和 Record 压缩格式)

Version(版本号)：这是一个形如 SEQ4 或 SEQ5 的字节数组，一共占四个字节；

KeyClassName(key 类名)和 valueClassName(value 类名)：这两个都是 String 类型，记录的是 key 和 value 的数据类型；

Compression(压缩)：这是一个布尔类型，它记录的是在这个文件中压缩是否启用；

BlockCompression(Block 压缩)：布尔类型，记录 Block 压缩是否启用；

Compressor class(压缩类)：这是 Hadoop 内封装的用于压缩 key 和 value 的代码；

Metadata(元数据)：用于记录文件的元数据，文件的元数据是一个<属性名，值>对的列表；

Record：它是数据内容，其内容简单明了，相信大家看图就很容易明白。

Sync-marker：它是一个标记，可以允许程序快速找到文件中随机的一个点。它可以使 MapReduce 程序更有效率地分割大文件。

需要注意的是，Sync-marker 每隔几百个字节会出现一次，因此最后的 SequenceFile 会是形如图 3.1.5 所示的序列文件。

| Header | Recorder | Recorder | Recorder | Sync | Recorder | Recorder | Sync |

图 3.1.5 SequenceFile 数据存储示例

Sync 出现的位置取决于字节数，而不是间隔的 Recorder 的个数。

从上面的内容可以知道，未压缩与只压缩 value 的 SequenceFile 数据格式有两点不同，一是 compression(是否压缩)的值不同，二是 value 存储的数据是否经过了压缩不同。

3.1.4.3 Block 压缩的 SequenceFile 数据格式

Block 压缩的 SequenceFile 数据格式与上面两种也很相似，它们的头与上面是一样的，同时也会标记一个 Sync-marker。不过它们的 Recorder 格式是不同的，并且 Sync-marker 是标记在每个块前面的。下面是 Block 压缩的 SequenceFile 的 Recorder 格式。如图 3.1.6 所示：

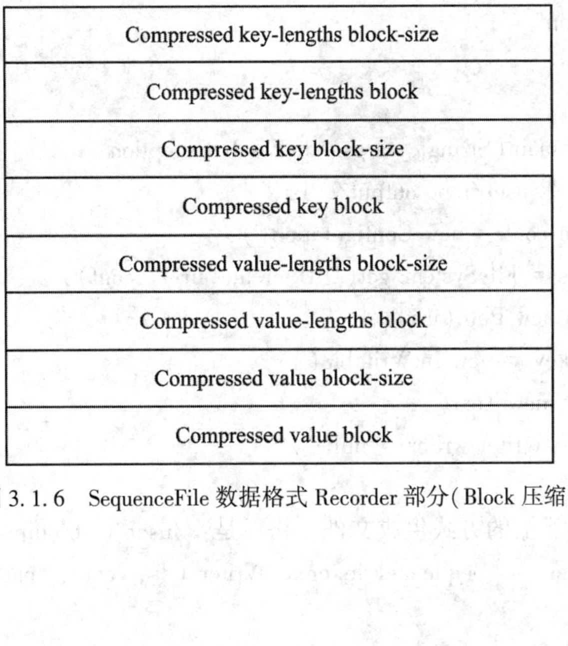

| Compressed key-lengths block-size |
| Compressed key-lengths block |
| Compressed key block-size |
| Compressed key block |
| Compressed value-lengths block-size |
| Compressed value-lengths block |
| Compressed value block-size |
| Compressed value block |

图 3.1.6 SequenceFile 数据格式 Recorder 部分(Block 压缩)

Block 压缩一次会压缩多个 Recorder，Recorder 在达到一个值时被记录，这个值是由 io. seqfile. compress. blocksize 定义的。Block 压缩的 SequenceFile 是形成如图 3.1.7 所示的序列文件。

| Header | Sync | Recorder | Sync | Recorder | Sync | Recorder |

图 3.1.7　Sequence 数据存储示例（Block 压缩）

我们可以通过编写程序生成读取 SequenceFile 文件来实践一下。

程序如下（注意这个程序生成的数据大概会有 150MB，需要的话可以减少循环次数以缩短运行时间）：

```
package cn. edu. ruc. cloudcomputing. book. chapter07;

import java. io. IOException;
import java. net. URI;
import org. apache. hadoop. conf. Configuration;
import org. apache. hadoop. fs. *;
import org. apache. hadoop. io. *;

public class SequenceFileWriteDemo{
  private static String[] myValue = {
      "hello world",
      "bye world",
      "hello hadoop",
      "bye hadoop"
  };
  public static void main(String[] args) throws IOException{
      String uri = "/user/root/output/1. txt";
      Configuration conf = new Configuration();
      FileSystem fs = FileSystem. get(URI. create(uri), conf);
      Path path = new Path(uri);
      IntWritable key = new IntWritable();
      Text value = new Text();
      SequenceFile. Writer writer = null;
      try{
          //以不压缩的方式生成文件，路径是：/user/root/output/1. txt
          writer = SequenceFile. createWriter(fs, conf, path, key. getClass(),
```

```
value.getClass());
            //以压缩的方式生成文件，路径是：/user/root/output/11.txt
            //writer = SequenceFile.createWriter(fs, conf, path, key.getClass(),
value.getClass(), CompressionType.BLOCK);
            for(int i=0; i<500000; i++){
                key.set(5000000 - i);
                value.set(myValue[i%myValue.length]);
                writer.append(key, value);
            }
        }finally{
            IOUtils.closeStream(writer);
        }
    }
}
```

程序结果是生成了一个 SequenceFile 文件，你可以使用前文提到的命令 `hadoop fs -text /user/root/1.txt`，来查看这个文件。因为内容太多只展开一部分，其内容如下：

```
5000000 hello world
4999999 bye world
4999998 hello hadoop
4999997 bye hadoop
……
1153152 hello world
1153151 bye world
10 hello hadoop
9 bye hadoop
8 hello world
7 bye world
6 hello hadoop
5 bye hadoop
4 hello world
3 bye world
2 hello hadoop
1 bye hadoop
```

这个程序的关键是下面这段代码：

```
SequenceFile. Writer writer = null;
writer = SequenceFile. createWriter(fs, conf, path, key. getClass( ), value. getClass( ));
writer. append(key, value);
```

我们需要声明 SequenceFile. Writer writer 类并使用函数 SequenceFile. createWriter( )来给它赋值。这个函数中至少要指定四个参数,即输出流(fs)、conf 对象(conf)、key 的类型、value 的类型,同时它还有很多重构函数,可以设置压缩等。然后我们就可以使用writer. append( )来向流中写入 key/value 对了。

读取 SequenceFile 文件内容的程序也很简单,如下所示。

SequenceFileReadFile

```java
package com. uicc. li8;

import java. io. IOException;
import java. net. URI;

import org. apache. hadoop. conf. Configuration;
import org. apache. hadoop. fs. FileSystem;
import org. apache. hadoop. fs. Path;
import org. apache. hadoop. io. IOUtils;
import org. apache. hadoop. io. SequenceFile;
import org. apache. hadoop. io. Writable;
import org. apache. hadoop. util. ReflectionUtils;

public class SequenceFileReadFile {
 public static void main(String[ ] args) throws IOException{
     String uri = "/user/root/output/1. txt ";
     Configuration conf = new Configuration ( );
     FileSystem fs = FileSystem. get( URI. create( uri), conf);
     Path path = new Path( uri);
     SequenceFile. Reader reader = null;
     try{
         reader = new SequenceFile. Reader(fs, path, conf);
             Writable key = ( Writable ) ReflectionUtils. newInstance ( reader. getKeyClass ( ),
conf);
             Writable value = ( ( Writable ) ReflectionUtils. newInstance ( reader. getValueClass
( ), conf));
             long position = reader. getPosition( );
```

```
            while(reader.next(key, value)){
                String syncSeen = reader.syncSeen() ? "*":"";
                System.out.printf("[%s%s]\t%s\t%s\n", position, syncSeen, key, value);
                position = reader.getPosition(); //beginning of next record
            }
        }finally{
            IOUtils.closeStream(reader);
        }
    }
}
```

读取 SequenceFile 文件的程序关键是一下代码:

SequenceFile.Reader reader = null;
reader = new SequenceFile.Reader(fs, path, conf);
reader.next(key, value)
Writable key = (Writable)ReflectionUtils.newInstance(reader.getKeyClass(), conf);
Writable value = ((Writable)ReflectionUtils.newInstance(reader.getValueClass(), conf));

很简单，声明 reader 并赋值之后，我们可以通过 getKeyClass() 和 getValueClass() 得到 key 和 value 类型，并通过 ReflectionUtils 直接实例化对象，然后就可以通过 reader.next() 跳到下一个 key/value 值，以遍历文件中所有的 key/value 对。

根据前面所述，生成 SequenceFIle 文件时是可以采用压缩方式的，下面就采用 Block 压缩方式生成 SequenceFile 文件。此程序与生成不压缩 SequenceFile 文件的程序基本相同，只是在 SequenceFile.createWrite() 时修改了一下设置，如下所示:

SequenceFile.createWriter(fs, conf, path, key.getClass(), value.getClass(), Compressiontype.BLOCK);

在浏览器地址栏输入 http://localhost:50070，点击 Browse the filesystem，然后查看生成的两个文件的大小，如图 3.1.8 所示。

3.1.4.4 MapFile 类

MapFile 的使用与 SequenceFile 类似，建立 MapFile 文件的程序如下:

MapFileWriteFile.java
package com.uicc.li8;

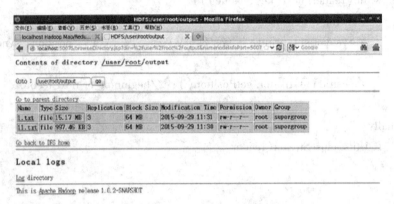

图 3.1.8 查看未压缩和以压缩方式(Block 压缩)生成的 SequenceFile 文件的大小

```
import java.io.IOException;
import java.net.URI;

import org.apache.hadoop.conf.Configuration;
import org.apache.hadoop.fs.FileSystem;
import org.apache.hadoop.io.IOUtils;
import org.apache.hadoop.io.IntWritable;
import org.apache.hadoop.io.MapFile;
import org.apache.hadoop.io.Text;

public class MapFileWriteFile{
private static final String[] myValue = {
    "hello world",
    "bye world",
    "hello hadoop",
    "bye hadoop"
};
public static void main(String[] args) throws IOException{
    String uri = "/user/root/output/ MapFileWriteFile ";
    Configuration conf = new Configuration();
    FileSystem fs = FileSystem.get(URI.create(uri), conf);
    IntWritable key = new IntWritable();
    Text value = new Text();
    MapFile.Writer writer = null;
    try{
        writer = new MapFile.Writer(conf, fs, uri, key.getClass(), value.getClass
```

```
());
            for(int i=0; i<500; i++){
                key.set(i);
                value.set(myValue[i%myValue.length]);
                writer.append(key, value);
            }
        }finally{
            IOUtils.closeStream(writer);
        }
    }
}
```

这个程序与建立 SequenceFile 文件的程序极其类似，这里就不详述了。与 SequenceFile 只生成一个文件不同，这个程序生成的是一个文件夹。如图 3.1.9 所示：

Contents of directory /user/root/output/MapFileWriteFile

Goto : /user/root/output/MapF go

Go to parent directory

Name	Type	Size	Replication	Block Size	Modification Time	Permission	Owner	Group
data	file	15.64 KB	3	64 MB	2015-09-29 13:26	rw-r--r--	root	supergroup
index	file	0.22 KB	3	64 MB	2015-09-29 13:26	rw-r--r--	root	supergroup

Go back to DFS home

图 3.1.9 生成 MapFile 文件

其中 data 是存储的数据，即 MapFile 文件(经过排序 SequenceFile 文件)，index 就是索引了，在这个程序中，其内容如下：

输入如下命令：cd /software/hadoop-1.0.1/bin，./hadoop fs -text /user/root/output/MapFileWriteFile /index

0	128
128	4200
256	8272
384	12344

图 3.1.10 索引

可以看出，索引是按每个 128 个键建立的，这个值可以通过修改 io.map.index.interval 的大小来修改。增加索引间隔数量可以有效减少 MapFile 中用于存储索引的内存。相反，可以降低该间隔来提高随机访问时间(因为减少了平均跳过的记录数)，这是以提高内存使用量为代价的。Key 值后面是偏移量，用于记录 key 的位置。

读取 MapFIle 文件的程序也很简单，其内容如下所示：

```java
package com.uicc.li8;

import java.io.IOException;
import java.net.URI;

import org.apache.hadoop.conf.Configuration;
import org.apache.hadoop.fs.FileSystem;
import org.apache.hadoop.io.IOUtils;
import org.apache.hadoop.io.IntWritable;
import org.apache.hadoop.io.MapFile;
import org.apache.hadoop.io.Writable;
import org.apache.hadoop.io.WritableComparable;
import org.apache.hadoop.util.ReflectionUtils;

public class MapFileReadFile {
    public static void main(String[] args) throws IOException {
        String uri = "/user/root/output/ MapFileWriteFile ";
        Configuration conf = new Configuration();
        FileSystem fs = FileSystem.get(URI.create(uri), conf);
        MapFile.Reader reader = null;

        try {
            reader = new MapFile.Reader(fs, uri, conf);
            WritableComparable key = (WritableComparable) ReflectionUtils.
                    newInstance(reader.getKeyClass(), conf);
            Writable value = (Writable) ReflectionUtils.
                    newInstance(reader.getValueClass(), conf);
            while (reader.next(key, value)) {
                System.out.printf("%s\t%s\n", key, value);
            }
            reader.get(new IntWritable(7), value);
            System.out.printf("%s\n", value);
        } finally {
            IOUtils.closeStream(reader);
        }
    }
```

        }
    }

其特别之处是，MapFile 可以查找单个键所对应的 value 值，见下面这段话：

执行这个操作时，MapFile.Reader()需要先把 index 读入内存中，然后执行一个简单的二叉搜索找到数据，MapFile.Reader()在查找时，会先在索引文件中找到小于我们想要找的 key 值的索引 key 值，然后再到 data 文件中向后查找。

大型 MapFile 文件的索引通常会占用很大的内存，这是我们可以通过重设索引、增加索引间隔的方法降低索引文件的大小，但是重设索引是一个很麻烦的事情。Hadoop 提供了另一个非常有效的方法，就是读取索引文件时，可以每隔几个索引 key 再读取索引 key 值，这样就可以有效地降低读入内存的索引文件的大小。至于跳过 key 的个数是通过 io.map.index.skip 来设置的。

3.1.4.5　ArrayFIle、SetFile 和 BloomMapFile

ArrayFile 继承自 MapFile，它保存的是从 Integer 到 value 的映射关系。这一点从它的代码实现上也可以看出：

```
public Writer(Configuration conf, FileSystem fs,
String file, class<? extends Writable> valClass)
    throws IOException{
        super(conf, fs, file, LongWritable.class, valClass);
}
public static class Reader extends MapFile.Reader{
    private LongWritable key = new LongWritable();
    public Reader(FileSystem fs, String file, Configuration conf) throws IOException{
        super(fs, file, conf);
    }
}
```

从上面的代码中看出，在写出时，key 的数据类型是 LongWritable，而不是 MapFile 中的 WritableComparator.get(keyClass)，在读入的时候，可以直接定义成 LongWritable。ArrayFile 更加具体的定义缩小了其适用范围，但是也降低了使用的难度，提高了使用的准确性。

SetFile 同样继承自 MapFile，它同 Java 中的 set 类似，仅仅是一个 Key 的集合，而没有任何 value。

```
public Writer (Configuration conf, FileSystem fs, String dirName, Class <? extends WritableComparable>
```

```java
    keyClass, SequenceFile.CompressionType compress) throws IOException{
    this(conf, fs, dirName, WritableComparator.get(keyClass), compress);
}
public void append(WritableComparable key) throws IOException{
    append(key, NullWritable.get());
}
public Reader (FileSystem fs, String dirName, WritableComparator comparator,
    Configuration conf) throws IOException{
    super(fs, dirName, comparator, conf);
}
public boolean seek(WritableComparable key) throws IOException{
    return super.seek(key);
}
public boolean next(WritableComparable key) throws IOException{
    return next(key, NullWritable.get());
}
```

从上面 SetFile 的实现代码(读、插入、写、查找、下一个 key)也可以看出,它仅仅是一个 key 的集合,而非映射。需要注意的是向 SetFile 中插入 key 时,必须保证此 key 比 set 中的 key 都大,即 SetFile 实际上是一个 key 的有序集合。

BloomMapFile 没有从 MapFile 继承,但是它的两个核心内部类 Writer/Reader 均继承自 MapFile 对应的两个内部类,其在实际使用中发挥的作用也和 MapFile 类似,只是增加了过滤的功能。它使用动态的 Bloom Filter 来检查 key 是否包含在预定的 key 集合内。BloomMapFile 的数据结构有 key/value 的映射和一个 Bloom Filter,在写出数据时先根据配置初始化 Bloom Fliter,将 key 加入 Bloom Filter 中,然后写出 key/value 数据,最后在关闭输出流时写出 Bloom Filter,具体可见代码:

```java
public Writer (Configuration conf, FileSystem fs, String dirName, WritableComparator
    comparator, Class valClass) throws IOException{
    super(conf, fs, dirName, comparator, valClass);
    this.fs = fs;
    this.dir = new Path(dirName);
    initBloomFilter(conf);
}
private synchronized void initBloomFilter(Configuration conf){
    ......
}
@Override
```

```
public synchronized void append(WritableComparable key, Writable val) throws
IOException{
    ……
    bloomFilter.add(bloomKey);  //向 BloomFilter 插入数据
}
@Override
public synchronized void close() throws IOException{
    super.close();
    DataOutputStream out = fs.create(new Path(dir, BLOOM_FILE_NAME), true);
    bloomFilter.write(out);  //写出 BloomFilter
    out.flush();
    out.close();
}
```

在读入数据的时候，同样先是在初始化 Reader 时初始化 Bloom Filter，并立刻读入输入数据中的 Bloom Filter，接下来再读入 key/value 数据，具体代码如下：

```
public Reader(FileSystem fs, String dirName, WritableComparator comparator,
Configuration conf) throws IOException{
    super(fs, dirName, comparator, conf);
    initBloomFilter(fs, dirName, conf);
}
private void initBloomFilter(FileSystem fs, String dirName, Configuration conf){
    DataInputStream in = fs.open(new Path(dirName, BLOOM_FILE_NAME));
    bloomFilter = new DynamicBloomFilter();
    bloomFilter.readFields(in);
    in.close();
}
```

除了提供基本的读入和写出操作，BloomMapFile 类还提供了 Bloom Filter 的一些操作——probablyHasKey 和 get：第一个操作是检测某个 key 是否已存在于 BloomMapFile 中，第二个操作是如果 key 存在 BloomMapFile 中则返回其 value，具体代码实现如下：

```
public boolean probablyHasKey(WritableComparable key) throws IOException{
    if(bloomFilter == null){
        return true;
    }
    buf.reset();
```

```
    key.write(buf);
    bloomKey.set(buf.getData(), 1.0);
    return bloomFilter.membershipTest(bloomKey);
}
@Override
public synchronized Writable get(WritableComparable key, Writable val) throws IOException{
    if(! probablyHasKey(key)){
        return null;
    }
    return super.get(key, val);
}
```

使用 BloomMapFile 可以利用 Bloom Filter 的特点减少 MapReduce 无用的 key 数据，加快数据传输和处理的速度。

3.2 Hadoop 的管理

在第 1 章我们已经详细介绍了如何安装和部署 Hadoop 集群，本节我们将具体介绍如何维护集群以保证其正常运行。毋庸置疑，维护一个大型集群稳定运行是必要的，手段也是多样的。为了更清晰地了解 Hadoop 集群管理的相关内容，本节主要从 HDFS 本身的文件结构，Hadoop 的监控管理工具以及集群常用的维护功能三方面进行讲解。

3.2.1 HDFS 文件结构

作为一名合格的系统运维人员，首先要全面掌握系统的文件组织目录。对于 Hadoop 系统的运维人员来说，就是要掌握 HDFS 中的 NameNode、DataNode、Secondary NameNode 是如何在磁盘上组织和存储持久化数据的。只有这样，当遇到问题时，管理人员才能借助系统本身的文件存储机制来快速诊断和分析问题。下面从 HDFS 的几个方面来分别介绍。

3.2.1.1　NameNode 的文件结构

最新格式化的 NameNode 会创建以下目录结构：

```
${dfs.name.dir}/current/VERSION
                       /edits
                       /fsimage
                       /fstime
```

其中，dfs.name.dir 属性是一个目录列表，是每个目录的镜像。VERSION 文件是 Java 属性文件，其中包含运行 HDFS 的版本信息。下面是一个典型的 VERSION 文件包含的内容：

```
#Web Mar 23 16：03：27 CST 2011
namespaceID = 1064465394
cTime = 0
storageType = NAME_NODE
layoutVersion = -18
```

其中，namespaceID 是文件系统的唯一标识符。在文件系统第一次被格式化时便会创建 namespaceID，这个标识符也要求各 DataNode 节点和 NameNode 保持一致。NameNode 会使用此标识符识别新的 DateNode。DataNode 只有在向 NameNode 注册后才会获得此 namespaceID。cTime 属性标记了 NameNode 存储空间创建的时间。对于新格式化的存储空间，虽然这里的 cTime 属性值为 0，但是只要文件系统被更新，它就会更新到一个新的时间戳。storageType 用于指出此存储目录包含一个 NameNode 的数据结构，在 DataNode 中它的属性值为 DATA_NODE。

layoutVersion 是一个负的整数，定义了 HDFS 持久数据结构的版本（注意，该版本号和 Hadoop 发行版本号无关）。每次 HDFS 的布局发生改变，该版本号就会递减（比如-18 版本号之后是-19），在这种情况下，HDFS 就需要更新升级，因为如果一个新的 NameNode 或 DateNode 还处在旧版本上，那么系统就无法正常运行，各节点的版本号要保持一致。

NameNode 的存储目录包含 edits、fsimage、fstime 三个文件。它们都是二进制的文件，可以通过 HadoopWtitable 对象进行序列化。下面将深入介绍 NameNode 的工作原理，以便使大家更清晰地理解这三个文件的作用。

3.2.1.2 编辑日志（edit log）及文件系统映像（filesystem image）

当客户端执行写操作时，NameNode 会先在编辑日志中写下记录，并在内存中保存一个文件系统元数据，元数据会在编辑日志有所改动后进行更新。内存中的元数据用来提供读取数据请求服务。

编辑日志会在每次成功操作之后、成功代码尚未返回给客户端之前进行刷新和同步。对于要写入多个目录的操作，写入流要刷新和同步到所有的副本，这就保证了操作不会因故障而丢失数据。

fsimage 文件是文件系统元数据的持久性检查点。和编辑日志不同，它不会在每个文件系统的写操作后都进行更新，因为写出 fsimage 文件会非常慢（fsimage 可能增长到 GB 大小）。

这种设计并不会影响系统的恢复力，因为如果 NameNode 失败，那么元数据的最新状态可以通过将从磁盘中读出的 fsimage 文件加载到内存中来进行重建恢复，然后重新执行编辑日志中的操作。事实上，这也正是 NameNode 启动时要做的事情。一个 fsimage 文件包含以序列化格式存储的文件系统目录和文件 inodes。每个 inodes 表示一个文件或目录的元数据信息，以及文件的副本数、修改和访问时间等信息。

正如上面所描述的，Hadoop 文件系统会出现编辑日志不断增长的情况。尽管在 NameNode 运行期间不会对系统造成影响，但是，如果 NameNode 重新启动，它将会花费很长时间来运行编辑日志中的每个操作。在此期间(即安全模式时间),文件系统还是不可用的,通常来说这是不符合应用需求的。

为了解决这个问题,Hadoop 在 NameNode 之外的节点上运行一个 Secondary NameNode 进程,它的任务就是为原 NameNode 内存中的文件系统元数据产生检查点。其实 Secondary NameNode 是一个辅助 NameNode 处理 fsimage 和编辑日志的节点,它从 NameNode 中复制 fsimage 和编辑日志到临时目录并定期合并生成一个新的 fsimage,随后它会将新的 fsimage 上传到 NameNode,这样,NameNode 便可更新 fsimage 并删除原来的编辑日志。下面我们参考图 3.2.1 对检查点处理过程进行描述。

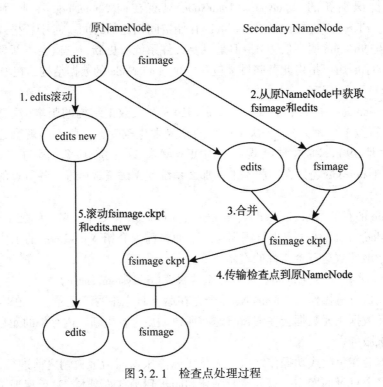

图 3.2.1　检查点处理过程

下面介绍检查点处理过程的具体步骤:

(1) Secondary NameNode 首先请求原 NameNode 进行 edits 的滚动,这样新的编辑操作就能够进入一个新的文件中了。

(2) Secondary NameNode 通过 HTTP 方式读取原 NameNode 中的 fsimage 及 edits。

(3) Secondary NameNode 读取 fsimage 到内存中,然后执行 edits 中的每个操作,并创建一个新的统一的 fsimage 文件。

(4) Secondary NameNod(通过 HTTP 方式)将新的 fsimage 发送到原 NameNode。

原 NameNode 用新的 fsimage 替换旧的 fsimage,旧的 edits 文件通过步骤(1)中的 edits 进行替换。同时系统会更新 fsimage 文件到记录检查点记录的时间。

在这个过程结束后,NameNode 就有了最新的 fsimage 文件和更小的 edits 文件。事实上，对于 NameNode 在安全模式下的这种情况，管理员可以通过以下命令运行这个过程：

Hadoop dfsadmin -saveNamespace

这个过程清晰地表明了 Secondary NameNode 要有和原 NameNode 一样的内存需求的原因——要把 fsimage 加载到内存中，因此 Secondary NameNode 在集群中也需要有专用机器。

有关检查点的时间表由两个配置参数决定。Secondary NameNode 每小时会插入一个检查点(fs.chec-kpoing.period，以秒为单位)，如果编辑日志达到 64MB(fs.checkpoint.size，以字节为单位)，则间隔时间更短，每隔 5 分钟会检查一次。

3.2.1.3 Secondary NameNode 的目录结构

Secondary NameNode 在每次处理过程结束后都有一个检查点。这个检查点可以在一个子目录/previous.checkpoint 中找到，可以作为 NameNode 的元数据备份源，目录如下：

$｛fs.checkpoint.dir｝/current/VERSION
/edits
/fsimage
/fstime
/previous.checkpoint/VERSION
/edits
/fsimage
/fstime

以上这个目录和 Secondary NameNode 的/current 目录结构是完全相同的。这样设计的目的是：万一整个 NameNode 发生故障，并且没有用于恢复的备份，甚至 NFS 中也没有备份，就可以直接从 Secondary NameNode 恢复。具体方式有两种，第一种是直接复制相关的目录到新的 NameNode 中。第二种是在启动 NameNode 守护进程时，Secondary NameNode 可以使用-importCheckpoint 选项，并作为新的 NameNode 继续运行任务。-importCheckpoint 选项将加载 fs.checkpoint.dir 属性定义的目录中的最新检查点的 NameNode 数据，但这种操作只有在 dfs.name.dir 所指定的目录下没有元数据的情况下才进行，这样就避免了重写之前元数据的风险。

3.2.1.4 DataNode 的目录结构

DataNode 不需要进行格式化，它会在启动时自己创建存储目录，其中关键的文件和目录如下：

$｛dfs.data.dir｝/current/VERSION
/blk_<id_1>
/blk_<id_1>.meta
/blk_<id_2>
/blk_<id_2>.meta
/…
/subdir0/

/subdir1/
/…
/subdir63/

DataNode 的 VERSION 文件和 NameNode 的非常相似，内容如下：

```
#Web Mar 10 21：32：31 CST 2010
namespaceID=134368441
storageID=DS-547717739-172.16.85.1-50010-1236720751627
cTime=0
storageType=DATA_NODE
layoutVersion=-18
```

其中，namespaceID、cTime 和 layoutVersion 值与 NameNode 中的值都是一样的，namespaceID 在第一次连接 NameNode 时就会从中获取。storageID 相对于 DataNode 来说是唯一的，用于在 NameNode 处标识 DataNode。storageType 将这个目录标志为 DataNode 数据存储目录。

DataNode 中 current 目录下的其他文件都有 blk_refix 前缀，它有两种类型：

（1）HDFS 中的文件块本身，存储的是原始文件内容；

（2）块的元数据信息（使用 .meta 后缀标识）。一个文件块由存储的原始文件字节组成，元数据文件由一个包含版本和类型信息的头文件和一系列块的区域校验和组成。

当目录中存储的块数量增加到一定规模时，DataNode 会创建一个新的目录，用于保存新的块及元数据。当目录中的块数量达到 64（可由 dfs.DataNode.numblocks 属性值确定）时，便会新建一个子目录，这样就会形成一个更宽的文件树结构，避免了由于存储大量数据块而导致目录很深，使检索性能免受影响。通过这样的措施，数据节点可以确保每个目录中的文件块数是可控的，也避免了一个目录中存在过多文件。

3.2.2　Hadoop 的状态监视和管理工具

对一个系统运维的管理员来说，进行系统监控是必须的。监控的目的是了解系统何时出现问题，并找到问题出在哪里，从而做出相应的处理。管理守护进程对监控 NameNode、DataNode 和 JobTracker 是非常重要的。在实际运行中，因为 DataNode 及 TaskTracker 的故障可能随时出现，所以集群需要提供额外的功能以应对少部分节点出现的故障。管理员也要隔一段时间执行一些监测任务，以获知当前集群的运行状态。本节将详细介绍 Hadoop 如何实现系统监控。

3.2.2.1　审计日志

HDFS 通过审计日志可以实现记录文件系统所有文件访问请求的功能，其审计日志功能通过 log4j 实现，但是在默认配置下这个功能是关闭的；log 的记录等级在 log4j.properties 中被设置为 WARN：

Log4j.logger.org.apache.hadoop.fs.FSNamesystem.audit = WARN

在此处将 WARN 修改为 INFO，便可打开审计日志功能。这样在每个 HDFS 事件之后，系统都会在 NameNode 的 log 文件中写入一行记录。

关于 log4j 还有很多其他配置可改，比如可以将审计日志从 NameNode 的日志文件中分离出来等。具体操作可查看 Hadoop 的 Wiki：http://wiki.apache.org/hadoop/HowToConfigure。

3.2.2.2 监控日志

所有 Hadoop 守护进程都会产生一个日志文件，这对管理员来说非常重要。下面我们就介绍如何使用这些日志文件。

(1) 设置日志级别

当进行故障调试排除时，很有必要临时调整日志的级别，以获得系统不同类型的信息。Log4j 日志一般包含这样几个级别：OFF、FATAL、ERROR、WARN、INFO、DEBUG、ALL 或用户自定义的级别。

Hadoop 守护进程有一个网络页面可以用来调整任何 log4j 日志的级别，在守护进程的网络 UI 后附后缀/logLevel 即可访问该网络页面。按照规定，日志的名称和它所对应的执行日志记录的类名是一样的，可以通过查找源代码找到日志名称。例如，为了调试 JobTracker 类的日志，可以访问 JobTracker 的网络 UI(本处以 192.168.10.13 为例，注意替换成你的本机 IP 地址)：http://192.168.10.13:50030/logLevel，同时设置日志名称 org.apache.hadoop.mapred.JobTracker 到层级 DEBUG。

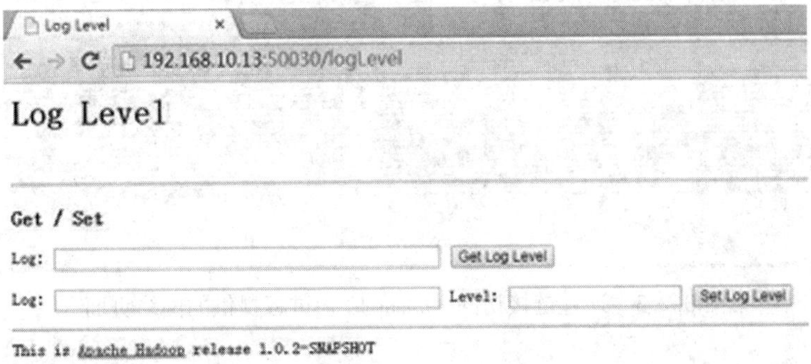

图 3.2.2 访问 JobTracker 的网络 UI

当然也可以通过命令行进行调整，代码如下(注意替换成你的本机 IP 地址)：

bin/hadoop daemonlog -setlevel 192.168.10.13:50030 org.apache.hadoop.mapred.JobTracker DEBUG

通过命令行查看日志级别，代码如下：

bin/hadoop daemonlog -getlevel 192.168.10.13:50030 org.apache.hadoop.mapred.

JobTracker

通过命令行修改的日志级别会在守护进程重启时被重置,如果想要持久化地改变日志级别,那么只要修改 log4j.properties(该文件在 Hadoop 安装目录下的 conf 文件夹内,本机的位置是:/software/hadoop-1.0.1/conf/log4j.properties)文件内容即可。我们可以在文件中加入以下行:

log4j.logger.org.apache.hadoop.mapred.JobTracker=DEBUG

(2)获取堆栈信息

有关系统的堆栈信息,Hadoop 守护进程提供了一个网络页面(在网络 UI 后附后缀/stacks 才可以访问),该网络页面可以为管理员提供所有守护进程 JVM 中运行的线程信息。可以通过以下链接访问该网络页面:如图 3.2.3 所示。

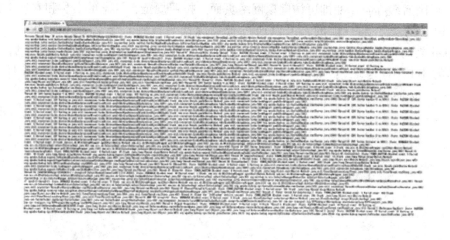

图 3.2.3　通过链接访问 Hadoop 守护进程提供的网络页面

3.2.2.3　Metrics

事实上,除了 Hadoop 自带的日志功能之外,还有很多其他可以扩展的 Hadoop 监控程序供管理员使用。在介绍这些监控工具之前,先对系统的可度量信息(Metrics)进行简单讲解。

HDFS 及 MapReduce 的守护进程会按照一定的规则来收集系统的度量信息。我们将这种度量规则称为 Metrics。例如,DataNode 会收集如下度量信息:写入的字节数、被复制的文件块数及来自客户端的请求数等。

Metrics 属于一个上下文,当前 Hadoop 拥有 dfs、mapred、rpc、jvm 等上下文。Hadoop 守护进程会收集多个上下文的度量信息。所谓上下文即应用程序进入系统执行时,系统为用户提供的一个完整的运行时环境。进程的运行时环境是由它的程序代码和程序运行所需要的数据结构以及硬件环境组成的。

这里我们认为，一个上下文定义了一个单元，比如，可以选择获取 dfs 上下文或 jvm 上下文。我们可以通过配置 conf/hadoopmetrics. properties 文件设定 Metrics。在默认情况下，会将所有上下文都配置为 NullContext 类，这代表它们不会发布任何 Metrics。下面是配置文件的默认配置情况：

dfs. class = org. apache. hadoop. metrics. spi. NullContext
mapred. class = org. apache. hadoop. metrics. spi. NullContext
jvm. class = org. apache. hadoop. metrics. spi. NullContext
rpc. class = org. apache. hadoop. metrics. spi. NullContext

其中每一行都针对一个不同的上下文单元，同时每一行定义了处理此上下文 Metrics 的类。这里的类必须是 MetricsContext 接口的一个实现；在上面的例子中，这些 NullContext 类正如其名，什么都不做，既不发布也不更新它们的 Metrics。

下面我们来介绍 MetricsContext 接口的实现。

（1）FileContext

利用 FileContext 可将 Metrics 写入本地文件。FIleContext 拥有两个属性：fileName——定义文件的名称，period——指定文件更新的间隔。这两个属性都是可选的，如果不进行设置，那么 Metrics 每隔 5 秒就会写入标准输出。

配置属性将应用于指定的上下文中，并通过在上下文名称后附加点"."及属性名进行标示。比如，为了将 jvm 导出一个文件，我们会通过以下方法调整它的配置：

jvm. class = org. apache. hadoop. metrics. file. FileContext
jvm. fileName = /tmp/jvm_metrics. log

其中，第一行使用 FileContext 来改变 jvm 的上下文，第二行将 jvm 上下文导出临时文件。

需要注意的是，FileContext 非常适合于本地系统的调试，但是它并不适合在大型集群中使用，因为它的输出文件会被分散到集群中，使分析的时间成本变得很高。

（2）GangliaContext

Ganglia（http：//ganglia. info/）是一个开源的分布式监控系统，主要应用于大型分布式集群的监控。通过它可以更好地监控和调整集群中每个机器节点的资源分配。Ganglia 本身会收集一些监控信息，包括 CPU 和内存使用率等。通过使用 CangliaContext 我们可以非常方便地将 Hadoop 的一些测量内容注入 Ganglia 中。此外，GangliaContext 有一个必须的属性——servers，它的属性值是通过空格或逗号分隔的 Ganglia 服务器主机地址：端口。

（3）NullContextWithUpdateThread

通过前面的介绍，我们会发现 FileContext 和 GangliaContext 都将 Metrics 推广到外部系统。而 Hadoop 内部度量信息的获取需要另外的工具，比如著名的 Java 管理扩展（Java

Management Extensions，JMX)，JMX 中的 NullContextWithUpdateThread 就是用来解决这个问题的(我们将在后面进行详细讲解)。和 NullContext 相似，它不会发布任何 Mertics，但是它会运行一个定时器周期性地更新内存中的 Metrics，以保证另外的系统可以获得最新的 Metrics。

除 NullContextWithUpdateThread 外，所有 MetricsContext 都会执行这种在内存中定时更新的方法，所有只有当不使用其他输出进行 Metrics 收集时，才需要使用 NullContextWithUpdateThread。举例来说，如果之前正在使用 GangliaContext，那么随后只要确认 Metrics 是否被更新，而且只需要使用 JMX，不用进一步对 Metrics 系统进行配置。

（4）CompositeContext

CompositeContext 允许我们输出多个上下文中相同的 Metrics，比如下面的这个例子：

jvm. class = org. apache. hadoop. metrics. spi. CompositeContext
jvm. arity = 2
jvm. sub1. class = org. apache. hadoop. metrics. file. FileContext
jvm. fileName = /tmp/jvm_metrics. log
jvm. sub2. class = org. apache. hadoop. metrics. ganglia. GangliaContext
jvm. servers = ip-10-70-20-111. ec2. internal：8699

其中 arity 属性用来定义子上下文数量，在这里它的值为 2。所有子上下文的属性名称都可以使用下面的句子设置：jvm. sub1. class = org. apache. hadoop. metrics. file. FileContext。

3.2.2.4 Java 管理扩展

Java 管理扩展(JMX)是一个为应用程序、设备、系统等植入管理功能的框架。JMX 可以跨越一系列异构操作系统平台、系统体系结构和网络传输协议，灵活地开发无缝集成的系统、网络和服务管理应用。Hadoop 包含多个 MBean(Managed Bean，管理服务，它描述一个可管理的资源)，它可以将 Hadoop 的 Metrics 应用到基于 JMX 的应用程序中。当前 MBeans 可以将 Metrics 展示到 dfs 和 rpc 上下文中，但不能在 mapred 及 jvm 上下文中实现。表 3. 2. 1 是 MBeans 的列表。

表 3. 2. 1　　　　　　　　　　　　**Hadoop 的 MBeans**

MBean 类	后台进程	说明
NameNodeActivityMBean	名称节点	名称节点活动的度量，比如创建文件操作的数量
FsaNamesystemMbean	名称节点	名称节点状态的度量，比如已连接的数据节点数量
DataNodeActivityMbean	数据节点	数据节点活动度量，比如读入的字节数

续表

MBean 类	后台进程	说明
FSdatasetMbean	数据节点	数据节点存储度量，比如容量、空闲存储空间
RpcActivityMbean	所有使用 RPC 的守护进程：名称节点、数据节点、JobTracker 和 TaskTracker	RPC 统计数据，比如平均处理时间

JDK 中的 Jconsole 工具可以帮助我们查看 JVM 中运行的 MBeans 信息，使我们很方便地浏览 Hadoop 中的监控信息。很多第三方监控和调整系统(Nagios 和 Hyperic 等)可用于查询 MBeans，这样 JMX 自然就成为我们监控 Hadoop 系统的最好工具。但是，需要设置支持远程访问的 JMX，并且设置一定的安全级别，包括密码权限、SSL 链接及 SSL 客户端权限设置等。为了使系统支持远程访问，JMX 要求对一些选项进行更改，其中包括设置 Java 系统的属性(可以通过编辑 Hadoop 的 conf/hadoop-env.sh 文件实现)。下面的例子展示了如何通过密码远程访问 NameNode 中的 JMX(在 SSL 不可用的条件下)：

export HADOOP_NameNode_OPTS = "-Dcom. sun. management. jmxremote

-Dcom. sun. management. jmxremote. ssl = false

-Dcom. sun. management. jmxremote. password. file = $ HADOOP _ CONF _ DIR/jmxremote. password

-Dcom. sun. management. jmxremote. port = 8004 $ HADOOP_NameNode_OPTS"

jmxremote. password 文件以纯文本的格式列出了所有的用户名和密码。JMX 文档有关于 jmxremote. password 文件的更进一步的格式信息。

通过以上的配置，我们可以使用 JConsole 工具浏览远程 NameNode 中的 MBean 监控信息。事实上，我们还有很多其他方法实现这个功能，比如通过 jmxquery(一个命令行工具，具体信息可查看 http：//code. google. com/p/jmxquery/)来检索低于副本要求的块：

./check-jmx -U service：jmx：rmi：///jndi/rmi：//NameNode-host：8004/jmxrmi -O \
hadoop：service = NameNode, name = FSNamesystemState -A UnderReplicatedBlocks \ -w 100 -c 1000 -username monitor -password secret

JMX OK - UnderReplicatedBlocks is 0

通过 jmxquery 命令创建一个 JMX RMI 链接，链接到 NameNode 主机地址上，端口号为 8004。它会读取对象名为 hadoop：service = NameNode, name = FSNamesystemState 的 UnderReplicatedBlocks 属性，并将读出的值写入终端。-w、-c 选项定义了警告和数值的临

界值,这个临界值的选定要在我们运行和维护集群一段时间以后才能选出比较合适的经验值。

需要注意的是,尽管我们可以通过 JMX 的默认配置看到 Hadoop 的监控信息,但是它们不会自动更新,除非更改 MetricsContext 的具体实现。如果 JMX 是我们使用的监控系统信息的唯一方法,那么就可以把 MetricsContext 的实现更改为 NullContextWithUpdateThread。

通常大多数人会使用 Ganglia 和另外一个可选的系统(比如 Nagios)来进行 Hadoop 集群的检测工作。Ganglia 可以很好地完成大数据量监控信息的收集和图形化工作,而 Nagios 及类似的系统则更擅长处理小规模的监控数据,并且在监控信息超出设定的监控阈值时发出警告。管理者可以根据需求选择合适的工具。下一节我们就对 Ganglia 的使用配置进行详细讲解。

3.2.2.5 Ganglia

Ganglia 是 UC Berkeley 发起的一个开源集群监视项目,用于测量数以千计的节点集群。Ganglia 的核心包含两个 Daemon(分别是客户端 Ganglia Monitoring Daemon(gmond)和服务端 Ganglia Meta Daemon(gmetad),以及一个 Web 前端。)Daemon 主要是用来监控系统性能,如 CPU、memory、硬盘利用率、I/O 负载、网络流量情况等;Web 前端页面主要用于获得各个节点工作状态的曲线描述。Ganglia 可以帮助我们合理调整、分配系统资源,为提高系统整体性能起到了重要作用。

处于监控状态下的每台位于节点上的计算机都需要运行一个收集和发送度量数据的名为 gmond 的守护进程。接收所有度量数据的主机可以显示这些数据,并且可以将这些数据传递给监控主机中。Gmond 带来的系统负载非常少,它的运行不会影响用户应用进程的性能。多次收集这些数据则会影响节点性能。网络中的"抖动"发生在大量小消息同时出现时,可以通过将节点时钟保持一致来避免这个问题。

gmetad 可以部署在集群内任一台位于节点上的或通过网络连接到集群的独立主机中,它通过单播路由的方式与 gmond 通信,收集区域内节点的状态信息,并以 XML 数据的形式保存在数据库中。最终由 RRDTool 工具处理数据,并生成相应的图形显示,以 Web 方式直观地提供给客户端。这个服务器可以被看做是一个信息收集的装置,可以同时监控多个客户端的系统状况,并把信息显示在 Web 界面上。通过 Web 端连接这个服务器,就可以看到它所监控的所有机器状态。

事实上,有很多其他可以扩展 Hadoop 监控能力的工具比如 Chukwa,它是一个数据收集和监控系统,构建于 HDFS 和 MapReduce 之上,也是可供管理员选择的监控工具。Chukwa 可以统计分析日志文件,从而提供给管理员想要的信息。

3.2.2.6 Hadoop 管理命令

在了解扩展的监控管理工具的同时,也不能忘记 Hadoop 本身为我们提供了相应的系统管理工具,本节我们就对相关的工具进行介绍。

(1) dfsadmin

dfsadmin 是一个多任务的工具,我们可以使用它来获取 HDFS 的状态信息,以及在 HDFS 上执行的管理操作。管理员可以在终端中通过 Hadoop dfsadmin 命令调用它,这里需要使用超级用户权限。dfsadmin 相关的命令如表 3.2.2 所示。

表 3.2.2 **dfsadmin 命令解析**

命 令 选 项	描　　述
-report	报告文件系统的基本信息和统计信息
-safemode enter ǀ leave ǀ get ǀ wait	安全模式维护命令。安全模式是 NameNode 的一种状态，在这种状态下，NameNode 不接受对名字空间的更改(只读)；不复制或删除块 NameNode 会在启动时自动进入安全模式，当配置块的最小百分数满足最小副本数的条件时，会自动离开安全模式。可以手动进入安全模式，但是也必须手动关闭它
-refreshNodes	重新读取 hosts 和 exclude 文件，使新的节点或需要退出集群的节点能够被 NameNode 重新识别。
-finalizeUpgrade	终结 HDFS 的升级操作。DateNode 删除前一个版本的工作目录，之后 NameNode 也这样做
-upgradeProgress status ǀ details ǀ force	请求当前系统的升级状态、升级状态的细节，或者进行强制升级操作
-metasave filename	保存 NameNode 的主要数据结构到 hadoop.log.dir 属性指定的目录下的\<filename>文件中。对于下面的每一项，\<filename>中都有一行内容与之对应： 1) NameNode 收到的 DataNode 的心跳信号 2) 等待被复制的块 3) 正在被复制的块 4) 等待被删除的块
-setOuota < quota > \<dirname>…\<dirname>	为每个目录\<dirname>设定配额\<quota>。目录配额是一个长整型整数，强制限定目录树下的名字个数。以下情况会报错： 1) N 不是一个正整数 2) 用户不是管理员 3) 这个目录不存在或为文件 4) 目录会马上超出新设定的配额
-clrQuota\<dirname>…\</dirname>	为每个目录\<dirname>清楚配额设定。以下情况会报错： 1) 该目录不存在或为文件 2) 用户不是管理员 如果目录原来没有配额，则不会报错
-help[cmd]	显示给定命令的帮助信息，如果没有给定命令，则显示所有命令的帮助信息

(2) 文件系统验证(fsck)

Hadoop 提供了 fsck 工具来验证 HDFS 中的文件是否正常可用。这个工具可以检测文件块是否在 DataNode 中丢失，是否低于或高于文件副本要求。

fsck 命令用法如下（注：此处必须是启动 hadoop hdfs 的账号才有权查看）：

Usage：DFSck <path> [-list-corruptfileblocks | [-move | -delete | -openforwrite] [-files [-blocks [-locations | -racks]]]]

      <path>检查的起始目录
      -move 将损坏的文件移到到/lost+found
      -delete 删除损坏的文件
      -files 打印出所有被检查的文件
      -openforwrite 打印出正在写的文件
      -list-corruptfileblocks 打印丢失的块和文件的列表
      -blocks 打印出 block 报告
      -locations 打印出每个 block 的位置
      -racks 打印出 data-node 的网络拓扑结构

默认情况下，fsck 会忽略正在写的文件，使用-openforwrite 可以汇报这种文件。下面给出使用的例子：

[root@ master hadoop-1.0.1]# bin/hadoop fsck /
FSCK started by root from /192.168.10.13 for path / at Mon Aug 31 09：20：36 CST 2015

/tmp/mapred/staging/root/.staging/job_201508210908_0007/job.jar： Under replicated blk_5829301041240303758_1038. Target Replicas is 10 but found 2 replica(s).

/tmp/mapred/staging/root/.staging/job_201508210908_0008/job.jar： Under replicated blk_-6959748535555505560_1039. Target Replicas is 10 but found 2 replica(s).

/tmp/mapred/staging/root/.staging/job_201508210908_0009/job.jar： Under replicated blk_-2651361066159082274_1040. Target Replicas is 10 but found 2 replica(s).

/tmp/mapred/staging/root/.staging/job_201508210908_0011/job.jar： Under replicated blk_4599843900979005261_1048. Target Replicas is 10 but found 2 replica(s).

/tmp/mapred/staging/root/.staging/job_201508210908_0013/job.jar： Under replicated blk_-4615298772084568776_1060. Target Replicas is 10 but found 2 replica(s).

/tmp/mapred/staging/root/.staging/job_201508210908_0014/job.jar： Under replicated blk_7732426227973867585_1061. Target Replicas is 10 but found 2 replica(s).

/tmp/mapred/staging/root/.staging/job_201508210908_0015/job.jar: Under replicated blk_-7308543671287192911_1062. Target Replicas is 10 but found 2 replica(s).

/tmp/mapred/staging/root/.staging/job_201508210908_0016/job.jar: Under replicated blk_-6657092057515168200_1063. Target Replicas is 10 but found 2 replica(s).

/tmp/mapred/staging/root/.staging/job_201508210908_0017/job.jar: Under replicated blk_-7418204282451177149_1064. Target Replicas is 10 but found 2 replica(s).

/tmp/mapred/staging/root/.staging/job_201508210908_0018/job.jar: Under replicated blk_4948941555517298891_1065. Target Replicas is 10 but found 2 replica(s).

/tmp/mapred/staging/root/.staging/job_201508210908_0019/job.jar: Under replicated blk_3156361605824195953_1066. Target Replicas is 10 but found 2 replica(s).

/tmp/mapred/staging/root/.staging/job_201508210908_0020/job.jar: Under replicated blk_350292528721227404_1067. Target Replicas is 10 but found 2 replica(s).

/tmp/mapred/staging/root/.staging/job_201508210908_0021/job.jar: Under replicated blk_2366381378754316521_1068. Target Replicas is 10 but found 2 replica(s).

/tmp/mapred/staging/root/.staging/job_201508210908_0022/job.jar: Under replicated blk_-6059337462145348392_1069. Target Replicas is 10 but found 2 replica(s).

/tmp/mapred/staging/root/.staging/job_201508210908_0023/job.jar: Under replicated blk_-2478446792671920947_1070. Target Replicas is 10 but found 2 replica(s).

/tmp/mapred/staging/root/.staging/job_201508241022_0011/job.jar: Under replicated blk_8589840270217002684_1367. Target Replicas is 10 but found 2 replica(s).

/tmp/mapred/staging/root/.staging/job_201508241022_0015/job.jar: Under replicated blk_5703624891881412075_1389. Target Replicas is 10 but found 2 replica(s).

/tmp/mapred/staging/root/.staging/job_201508261700_0001/job.jar: Under replicated blk_-1320540446727671490_1403. Target Replicas is 10 but found 2 replica(s).
……. Status: HEALTHY
Total size: 287910 B
Total dirs: 38

```
Total files: 25
Total blocks (validated): 24 (avg. block size 11996 B)
Minimally replicated blocks: 24 (100.0 %)
Over-replicated blocks: 0 (0.0 %)
Under-replicated blocks: 18 (75.0 %)
Mis-replicated blocks: 0 (0.0 %)
Default replication factor: 2
Average block replication: 2.0
Corrupt blocks: 0
Missing replicas: 144 (300.0 %)
Number of data-nodes: 2
Number of racks: 1
FSCK ended at Mon Aug 31 09: 20: 36 CST 2015 in 72 milliseconds

The filesystem under path '/' is HEALTHY
```

fsck 会递归遍历文件系统的 Namespace，从文件系统的根目录开始检测它所找到的全部文件，并在它验证过的文件上标记一个点。要检查一个文件，fsck 首先会检索元数据中文件的块，然后查看是否有问题或是否一致。这里需要注意的是，fsck 验证只和 NameNode 通信而不和 DataNode 通信。

以下是几种 fsck 的输出情况：

- Over-replicated blocks

Over-replicated blocks 用来指明一些文件块副本数超出了它所属文件的限定。通常来说，过量的副本数存在并不是问题，HDFS 会自动删除多余的副本。

- Under-replicated blocks

Under-replicated blocks 用来指明文件块数未达到所属文件要求的副本数量。HDFS 也会自动创建新的块直到该块的副本数能够达到要求。可以通过 hadoop dfsadmin -metasave 命令获得正在被复制的块信息。

- Misreplicated blocks

Misreplicated blocks 用来指明不满足块副本存储位置策略的块。例如，假设副本因子 3，如果一个块的所有副本都存在于一个机器中，那么这个块就是 Misreplicated blocks。针对这个问题，HDFS 不会自动调整。我们只能通过手动设置来提高该文件的副本数，然后再将它的副本数设置为正常值来解决这个问题。

- Corrupt blocks

Corrupt blocks 用来指明所有的块副本全部出现问题。只要块存在的副本可用，它就不会被报告为 Corrupt blocks。NameNode 会使用没有出现问题的块进行复制操作，直到达到目标值。

- Missing replicas

Missing replicas 用来表明集群中不存在副本的文件块。

Missing replicas 及 Corrupt blocks 被关注得最多，因为出现这两种情况意味着数据的丢失。fsck 默认不去处理那些丢失或出现问题的文件块，但是可以通过命令使其执行以下操作：

通过-move，将出现问题的文件放入 HDFS 的/lost+found 文件夹下。

通过-delete，将出现问题的文件删除，删除后即不可恢复。

- 找到某个文件的所有块

fsck 提供一种简单的方法用于查找属于某个文件的所有块，代码如下：

[root@ master hadoop-1.0.1]# bin/hadoop fsck -/software/file1.txt -files -blocks -racks
FSCK started by root from /192.168.10.13 for path / at Mon Aug 31 10：04：21 CST 2015
/ <dir>
/tmp <dir>
/tmp/mapred <dir>
/tmp/mapred/staging <dir>
/tmp/mapred/staging/root <dir>
/tmp/mapred/staging/root/.staging <dir>
/tmp/mapred/staging/root/.staging/job_201508210908_0004 <dir>
/tmp/mapred/staging/root/.staging/job_201508210908_0005 <dir>
/tmp/mapred/staging/root/.staging/job_201508210908_0006 <dir>
/tmp/mapred/staging/root/.staging/job_201508210908_0007 <dir>
/tmp/mapred/staging/root/.staging/job_201508210908_0007/job.jar 3354 bytes, 1 block(s)： Under replicated blk_5829301041240303758_1038. Target Replicas is 10 but found 2 replica(s).
 0. blk_5829301041240303758_1038 len = 3354 repl = 2 [/default-rack/192.168.10.14：50010，/default-rack/192.168.10.15：50010]

/tmp/mapred/staging/root/.staging/job_201508210908_0008 <dir>
/tmp/mapred/staging/root/.staging/job_201508210908_0008/job.jar 3354 bytes, 1 block(s)： Under replicated blk_-6959748535555505560_1039. Target Replicas is 10 but found 2 replica(s).
 0. blk_-6959748535555505560_1039 len = 3354 repl = 2 [/default-rack/192.168.10.14：50010，/default-rack/192.168.10.15：50010]

/tmp/mapred/staging/root/.staging/job_201508210908_0009 <dir>
/tmp/mapred/staging/root/.staging/job_201508210908_0009/job.jar 3354 bytes, 1 block(s)： Under replicated blk_-2651361066159082274_1040. Target Replicas is 10 but found 2 replica(s).

0. blk_-2651361066159082274_1040 len = 3354 repl = 2 [/default-rack/192.168.10.14: 50010, /default-rack/192.168.10.15: 50010]

/tmp/mapred/staging/root/.staging/job_201508210908_0011 <dir>
/tmp/mapred/staging/root/.staging/job_201508210908_0011/job.jar 3354 bytes, 1 block(s): Under replicated blk_4599843900979005261_1048. Target Replicas is 10 but found 2 replica(s).
0. blk_4599843900979005261_1048 len = 3354 repl = 2 [/default-rack/192.168.10.14: 50010, /default-rack/192.168.10.15: 50010]

/tmp/mapred/staging/root/.staging/job_201508210908_0013 <dir>
/tmp/mapred/staging/root/.staging/job_201508210908_0013/job.jar 3354 bytes, 1 block(s): Under replicated blk_-4615298772084568776_1060. Target Replicas is 10 but found 2 replica(s).
0. blk_-4615298772084568776_1060 len = 3354 repl = 2 [/default-rack/192.168.10.14: 50010, /default-rack/192.168.10.15: 50010]

/tmp/mapred/staging/root/.staging/job_201508210908_0014 <dir>
/tmp/mapred/staging/root/.staging/job_201508210908_0014/job.jar 3354 bytes, 1 block(s): Under replicated blk_7732426227973867585_1061. Target Replicas is 10 but found 2 replica(s).
0. blk_7732426227973867585_1061 len = 3354 repl = 2 [/default-rack/192.168.10.14: 50010, /default-rack/192.168.10.15: 50010]

/tmp/mapred/staging/root/.staging/job_201508210908_0015 <dir>
/tmp/mapred/staging/root/.staging/job_201508210908_0015/job.jar 3354 bytes, 1 block(s): Under replicated blk_-7308543671287192 91_1062. Target Replicas is 10 but found 2 replica(s).
0. blk_-7308543671287192 91_1062 len = 3354 repl = 2 [/default-rack/192.168.10.14: 50010, /default-rack/192.168.10.15: 50010]

/tmp/mapred/staging/root/.staging/job_201508210908_0016 <dir>
/tmp/mapred/staging/root/.staging/job_201508210908_0016/job.jar 3354 bytes, 1 block(s): Under replicated blk_-6657092057515168200_1063. Target Replicas is 10 but found 2 replica(s).
0. blk_-6657092057515168200_1063 len = 3354 repl = 2 [/default-rack/192.168.10.14: 50010, /default-rack/192.168.10.15: 50010]

/tmp/mapred/staging/root/. staging/job_201508210908_0017 <dir>

/tmp/mapred/staging/root/. staging/job_201508210908_0017/job. jar 3354 bytes, 1 block(s): Under replicated blk_-7418204282451177149_1064. Target Replicas is 10 but found 2 replica(s).

0. blk_-7418204282451177149_1064 len = 3354 repl = 2 [/default-rack/192. 168. 10. 14: 50010, /default-rack/192. 168. 10. 15: 50010]

/tmp/mapred/staging/root/. staging/job_201508210908_0018 <dir>

/tmp/mapred/staging/root/. staging/job_201508210908_0018/job. jar 3354 bytes, 1 block(s): Under replicated blk_4948941555517298891_1065. Target Replicas is 10 but found 2 replica(s).

0. blk_4948941555517298891_1065 len = 3354 repl = 2 [/default-rack/192. 168. 10. 14: 50010, /default-rack/192. 168. 10. 15: 50010]

/tmp/mapred/staging/root/. staging/job_201508210908_0019 <dir>

/tmp/mapred/staging/root/. staging/job_201508210908_0019/job. jar 3354 bytes, 1 block(s): Under replicated blk_3156361605824195953_1066. Target Replicas is 10 but found 2 replica(s).

0. blk_3156361605824195953_1066 len = 3354 repl = 2 [/default-rack/192. 168. 10. 14: 50010, /default-rack/192. 168. 10. 15: 50010]

/tmp/mapred/staging/root/. staging/job_201508210908_0020 <dir>

/tmp/mapred/staging/root/. staging/job_201508210908_0020/job. jar 3354 bytes, 1 block(s): Under replicated blk_350292528721227404_1067. Target Replicas is 10 but found 2 replica(s).

0. blk_350292528721227404_1067 len = 3354 repl = 2 [/default-rack/192. 168. 10. 14: 50010, /default-rack/192. 168. 10. 15: 50010]

/tmp/mapred/staging/root/. staging/job_201508210908_0021 <dir>

/tmp/mapred/staging/root/. staging/job_201508210908_0021/job. jar 3354 bytes, 1 block(s): Under replicated blk_2366381378754316521_1068. Target Replicas is 10 but found 2 replica(s).

0. blk_2366381378754316521_1068 len = 3354 repl = 2 [/default-rack/192. 168. 10. 14: 50010, /default-rack/192. 168. 10. 15: 50010]

/tmp/mapred/staging/root/. staging/job_201508210908_0022 <dir>

/tmp/mapred/staging/root/. staging/job_201508210908_0022/job. jar 3354 bytes, 1 block(s): Under replicated blk_-6059337462145348392_1069. Target Replicas is 10 but found 2 replica(s).

 0. blk_-6059337462145348392_1069 len=3354 repl=2 [/default-rack/192.168.10.14:50010, /default-rack/192.168.10.15:50010]

/tmp/mapred/staging/root/.staging/job_201508210908_0023 <dir>

/tmp/mapred/staging/root/.staging/job_201508210908_0023/job.jar 3354 bytes, 1 block(s): Under replicated blk_-2478446792671920947_1070. Target Replicas is 10 but found 2 replica(s).

 0. blk_-2478446792671920947_1070 len=3354 repl=2 [/default-rack/192.168.10.14:50010, /default-rack/192.168.10.15:50010]

/tmp/mapred/staging/root/.staging/job_201508210908_0026 <dir>
/tmp/mapred/staging/root/.staging/job_201508210908_0027 <dir>
/tmp/mapred/staging/root/.staging/job_201508241022_0003 <dir>
/tmp/mapred/staging/root/.staging/job_201508241022_0005 <dir>
/tmp/mapred/staging/root/.staging/job_201508241022_0011 <dir>

/tmp/mapred/staging/root/.staging/job_201508241022_0011/job.jar 65285 bytes, 1 block(s): Under replicated blk_8589840270217002684_1367. Target Replicas is 10 but found 2 replica(s).

 0. blk_8589840270217002684_1367 len=65285 repl=2 [/default-rack/192.168.10.14:50010, /default-rack/192.168.10.15:50010]

/tmp/mapred/staging/root/.staging/job_201508241022_0015 <dir>

/tmp/mapred/staging/root/.staging/job_201508241022_0015/job.jar 66293 bytes, 1 block(s): Under replicated blk_5703624891881412075_1389. Target Replicas is 10 but found 2 replica(s).

 0. blk_5703624891881412075_1389 len=66293 repl=2 [/default-rack/192.168.10.14:50010, /default-rack/192.168.10.15:50010]

/tmp/mapred/staging/root/.staging/job_201508261700_0001 <dir>

/tmp/mapred/staging/root/.staging/job_201508261700_0001/job.jar 66293 bytes, 1 block(s): Under replicated blk_-1320540446727671490_1403. Target Replicas is 10 but found 2 replica(s).

 0. blk_-1320540446727671490_1403 len=66293 repl=2 [/default-rack/192.168.10.14:50010, /default-rack/192.168.10.15:50010]

/tmp/mapred/system <dir>

/tmp/mapred/system/jobtracker.info 4 bytes, 1 block(s): OK

    0. blk_8261005839506497485_1499 len=4 repl=2 [/default-rack/192.168.10.14:50010, /default-rack/192.168.10.15:50010]

/user <dir>
/user/root <dir>
/user/root/input <dir>
/user/root/input/file1.txt 34 bytes, 1 block(s): OK
    0. blk_-3445286218752989497_1488 len=34 repl=2 [/default-rack/192.168.10.14:50010, /default-rack/192.168.10.15:50010]

/user/root/input/file2.txt 12 bytes, 1 block(s): OK
    0. blk_-4253664428234416049_1489 len=12 repl=2 [/default-rack/192.168.10.14:50010, /default-rack/192.168.10.15:50010]

/user/root/output <dir>
/user/root/output/_SUCCESS 0 bytes, 0 block(s): OK

/user/root/output/_logs <dir>
/user/root/output/_logs/history <dir>
/user/root/output/_logs/history/job_201508281044_0001_1440730126282_root_streamjob7441761553520655633.jar 18991 bytes, 1 block(s): OK
    0. blk_-9092460513618342969_1498 len=18991 repl=2 [/default-rack/192.168.10.14:50010, /default-rack/192.168.10.15:50010]

/user/root/output/_logs/history/job_201508281044_0001_conf.xml 20658 bytes, 1 block(s): OK
    0. blk_-2530366713530589005_1495 len=20658 repl=2 [/default-rack/192.168.10.14:50010, /default-rack/192.168.10.15:50010]

/user/root/output/part-00000 30 bytes, 1 block(s): OK
    0. blk_-7536295265755905768_1497 len=30 repl=2 [/default-rack/192.168.10.14:50010, /default-rack/192.168.10.15:50010]

Status: HEALTHY
Total size: 287910 B
Total dirs: 38
Total files: 25
Total blocks (validated): 24 (avg. block size 11996 B)

```
Minimally replicated blocks：24 (100.0 %)
Over-replicated blocks：     0 (0.0 %)
Under-replicated blocks：18 (75.0 %)
Mis-replicated blocks：      0 (0.0 %)
Default replication factor： 2
Average block replication：  2.0
Corrupt blocks：             0
Missing replicas：           144 (300.0 %)
Number of data-nodes：       2
Number of racks：    1
FSCK ended at Mon Aug 31 10：04：21 CST 2015 in 51 milliseconds
The filesystem under path '/' is HEALTHY
```

从以上输出中可以看到：文件 hello.txt 由一个块组成，并且命令也返回了它所在的 DataNode。fsck 的选项如下：

-files，显示文件的文件名称、大小、块数量及是否可用(是否存在丢失的块)；

-blocks，显示每个块在文件中的信息，一个块用一行显示；

-racks，展示了每个块所处的机架位置及 DataNode 的位置。

运行 fsck 命令，如果不加选项，则执行以上所有指令。

(3) DataNode 块扫描任务

每个 DataNode 都会执行一个块扫描任务，它会周期性地验证它所存储的块，这就允许有问题的块能够在客户端读取时被删除或修整。DataBlockScanner 可维护一个块列表，它会一个一个地扫描这些块，并进行校验和验证。

进行块验证的周期可以通过 dfs.DataNode.scan.period.hours 属性值来设定，默认为 504 小时，即 3 周。出现问题的块将会被报告给 NameNode 进行处理。

也可以通过访问 DataNode 的 Web 接口获得块验证信息：http：//datanodeIP：50075/blockScannerReport。图 3.2.4 是一个报告的样本。

通过附加后缀 listblocks(http：//datanodeIP：50075/blockScannerReport？listblocks)，报告会在前面这个 DateNode 中加入所有块的最新验证状态信息(如图 3.2.5)。

(4) 均衡器(balancer)

由于 HDFS 不间断地运行，隔一段时间可能就会出现文件在集群中分布不均匀的情况。一个不平衡的集群会影响系统资源的充分利用，所以我们要想办法避免这种情况。

balancer 程序是 Hadoop 的守护进程，它会通过将文件从高负载的 DataNode 转移到低使用率的 DataNode 上，即进行文件块的重新分布，以达到集群的平衡。同时还要考虑 HDFS 的块副本分配策略。balancer 的目的是使集群达到相对平衡，这里的相对平衡是指每个 DataNode 的磁盘使用率和整个集群的资源使用率的差值小于给定的阈值。我们可以通过这样的命令运行 balancer 程序：start-balancer.sh；通过这个命令停止 balancer 的运行：stop-balancer.sh。-threshold 参数设定了多个可以接受的集群平衡点。超过这个平衡预置就

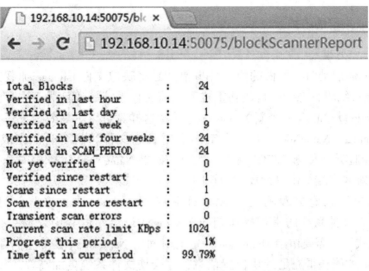

图 3.2.4　访问 DataNode 的 Web 接口获得块验证信息

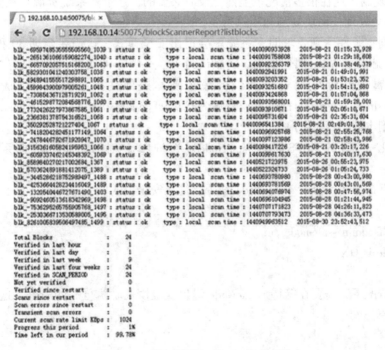

图 3.2.5　附加后缀 listblocks 后的报告

要进行平衡调整,对文件块进行重分布。这个参数值在大多数情况下为 10%,当然也可通过命令行设置。Balancer 被设计为运行于集群后台中,不会增加集群运行负担。我们可以通过参数设置来限制 balancer 在执行 DataNode 之间的数据转移时占用的带宽资源。这个属性值可以通过 hdfs-site.xml 配置文件中的 dfs.balance.bandwidthPerSec 属性进行修改,默认为 1MB。

3.2.3 Hadoop 集群的维护

3.2.3.1 安全模式

当 NameNode 启动时，要做的第一件事情就是将映像文件 fsimage 加载到内存，并应用 edits 文件记录编辑日志。一旦成功重构和之前文件系统一致且居于内存的文件系统元数据，NameNode 就会创建一个新的 fsimage 文件（这样就可以更高效地记录检查点，而不用依赖于 Secondary NameNode）和一个空的编辑日志文件。只有全部完成了这些工作，NameNode 才会监听 RPC 和 HTTP 请求。然而，如果 NameNode 运行于安全模式下，那么文件系统只能对客户端提供只读模式的视图。

文件块的位置信息并没有持久化地存储在 NameNode 中，这些信息都存储在各 DataNode 中。在文件系统的常规操作期间，NameNode 会在内存中存储一个块位置的映射。在安全模式下，需要留给 DataNode 一定的时间向 NameNode 上传它们存储块的列表，这样 NameNode 才能获得充足的块位置信息，才会使文件系统更加高效。如果 NameNode 没有足够的时间来等待获取这些信息，那么它就会认为该块没有足够的副本，进而安排其他 DataNode 复制。这在很多情况下显然是没有必要的，还浪费系统资源。在安全模式下，NameNode 不会处理任何块复制和删除指令。

当最小副本条件达到要求时，系统就会退出安全模式，这需要延期 30 秒（这个时间由 dfs.safe-mode.extension 属性值确定，默认为 30，一些小的集群（比如只有 10 个节点），可以设置该属性值为 0）。这里所说的最小副本条件是指系统中 99.9%（这个值由 dfs.safemode.threshold.pct 属性确定，默认为 0.999）的文件块达到 dfs.replication.min 属性值所设置的副本数（默认为 1）。

当格式化一个新的 HDFS 时，NameNode 不会进入安全模式，因为此时系统中还没有任何文件块。

使用以下命令可以查看 NameNode 是否已进入安全模式：

hadoop dfsadmin -safemode get
Safe mode is ON

在有些情况下，需要在等待 NameNode 退出安全模式时执行一些命令，这时我们可以使用以下命令：

hadoop dfsadmin -safemode wait
command to read or write a file

作为管理员，也应该掌握使 NameNode 进入或退出安全模式的方法，这些操作有时也是必需的，比如在升级完集群后需要确认数据是否仍然可读等。这时我们可以使用以下命令：

```
hadoop dfsadmin -safemode enter
Safe mode is ON
```

当 NameNode 仍处于安全模式时,也可以使用以上命令以保证 NameNode 没有退出安全模式。要使系统退出安全模式可执行以下命令:

```
hadoop dfsadmin -safemode leave
Safe mode is OFF
```

3.2.3.2 Hadoop 的备份

(1) 元数据的备份

如果 NameNode 中存储的持久化元数据信息丢失或遭到破坏,那么整个文件系统就不可用了。因此元数据的备份至关重要,需要备份不同时期的元数据信息(1 小时、1 天、1 周……)以避免突然死机带来的破坏。

备份的一个最直接的办法就是编写一个脚本程序,然后周期性地将 Secondary NameNode 中 previous.checkpoint 子目录(该目录由 fs.checkpoint.dir 属性值确定)下的文件归档到另外的机器上。该脚本需要额外验证所复制的备份文件的完整性。这个验证可以通过在 NameNode 的守护进程中运行一个验证程序来实现,验证其是否成功地从内存中读取了 fsimage 及 edits 文件。

(2) 数据的备份

HDFS 的设计目标之一就是能够可靠地在分布式集群中存储数据。HDFS 允许数据丢失的发生,所以数据的备份就显得至关重要了。由于 Hadoop 可以存储大规模的数据,备份哪些数据、备份到哪里就成为一个关键。在备份过程中,最优先备份的应该是那些不能再生的数据和对商业应用最关键的数据。而对于那些可以通过其他手段再生的数据或对于商业应用价值不是很大的数据,可以考虑不进行备份。

这里需要强调的是,不要认为 HDFS 的副本机制可以代替数据的备份。HDFS 中的 Bug 也会导致副本丢失,同样硬件也会出现故障。尽管 Hadoop 可以承受集群中廉价商用机器故障,但是有些极端情况不能排除在外,特别是系统有时还会出现软件 Bug 和人为失误的情况。

通常 Hadoop 会设置用户目录的策略,比如,每个用户都有一个空间配额,每天晚上都可进行备份工作。但是不管设置什么样的策略,都需要通知用户,以避免客户反映问题。

3.2.3.3 Hadoop 的节点管理

作为 Hadoop 集群的管理员,可能随时都要处理增加和撤销机器节点的任务。例如,要增加集群的存储容量,就要增加新的节点。相反,要缩小集群的规模,就需要撤销已存在的节点。如果一个节点频繁地发生故障或运行缓慢,那么也要考虑撤销已存在的节点。节点一般承担 DataNode 和 TaskTracker 的任务,Hadoop 支持对它们的添加和撤销。

(1) 添加新的节点

在第 1 章，我们介绍了如何部署 Hadoop 集群，可以看到添加一个新的节点虽然只用配置 hdfs-site.xml 文件和 mapred-site.xml 文件，但最好还是配置一个授权节点列表。

如果允许任何机器都可以连接到 NameNode 上并充当 DataNode，这是存在安全隐患的，因为这样的机器可能能够获得未授权文件的访问权限。此外这样的机器并不是真正的 DataNode，但它可以存储数据，却又不在集群的控制之下，并且任何时候都有可能停止运行，从而造成数据丢失。由于配置简单或存在配置错误，即使在防火墙内这样的处理也可能存在风险，因此在集群中也要对 DataNode 进行明确的管理。

在 dfs.hosts 文件中指定可以连接到 NameNode 的 DataNode 列表。dfs.hosts 文件存储在 NameNode 的本地文件系统上，包含每个 DataNode 的网络地址，一行表示一个 DataNode。要为一个 DataNode 设置多个网络地址，把它们写到一行中，中间用空格分开。类似的，TaskTracker 是在 mapred.hosts 中设置的。一般来说，DataNode 和 TaskTracker 列表都存在一个共享文件，名为 include file。该文件被 dfs.hosts 及 mapred.hosts 两者引用，因为在大多数情况下，集群中的机器会同时运行 DataNode 及 TaskTracker 守护进程。

需要注意的是，dfs.hosts 和 mapred.hosts 这两个文件与 slaves 文件不同，slaves 文件被 Hadoop 的执行脚本用于执行集群范围的操作，例如集群的重启等，但它从来不会被 Hadoop 的守护进程使用。

要向集群添加新的节点，需要执行以下步骤：

(1) 向 include 文件中添加新节点的网络地址；

(2) 使用以下命令更新 NameNode 中具有连接权限的 DataNode 集合；

Hadoop dfsadmin -refreshNodes

(3) 更新带有新节点的 slaves 文件，以便 Hadoop 控制脚本在执行后续操作时可以使用更新后的 slaves 文件中的所有节点；

(4) 启动新的数据节点；

(5) 重新启动 MapReduce 集群；

(6) 检查网页用户界面是否有新的 DataNode 和 TaskTracker。

需要注意的是，HDFS 不会自动将旧 DataNode 上的数据转移到新的 DataNode 中，但我们可以运行平衡器命令进行集群均衡。

(2) 撤销节点

撤销数据节点时要避免数据的丢失。在撤销前，需先通知 NameNode 要撤销的节点，然后在撤销此节点前将上面的数据块转移出去。而如果关闭了正在运行的 TaskTracker，那么 JobTracker 会意识到错误并将任务分配到其他 TaskTracker 中去。

撤销节点过程由 exclude 文件控制：对于 HDFS 来说，可以通过 dfs.hosts.exclude 属性来控制；对于 MapReduce 来说，可以由 mapred.hosts.exclude 来设置。

TaskTracker 是否可以连接到 JobTracker，其规则很简单，只要 include 文件中包含且 exclude 中不包含这个 TaskTracker，这样 TaskTracker 就可以连接到 JobTracker 来执行任务。没有定义的或空的 include 文件意味着所有节点都在 include 文件中。

对于 HDFS 来说规则有些许不同，表 3.2.3 总结了 include 和 exclude 存放节点的情况。对于 TaskTracker 来说，一个未定义的或空的 include 文件意味着所有的节点都包含其中。

表 3.2.3　　　　　　　　HDFS 的 include 和 exclude 的文件优先级

include 文件中包含	exclude 文件中包含	解释
否	否	节点可以连接
否	是	节点不可以连接
是	否	节点可以连接
是	是	节点可以连接和撤销

要想从集群中撤销节点，需要执行以下步骤：

(1)将需要撤销的节点的网络地址增加到 exclude 文件中，注意，不要在此时更新 include 文件；

(2)重新启动 MapReduce 集群来终止已撤销节点的 TaskTracker；

(3)用以下命令更新具有新的许可 DataNode 节点集的 NameNode：Hadoop dfsadmin -refreshNodes

(4)进入网络用户界面，先检查已撤销的 DataNode 的管理状态是否变为 "DecommissionInProgress"，然后把数据块复制到集群的其他 DataNode 中；

(5)当所有 DataNode 报告其状态为 "Decommissioned" 时，所有数据块也都会被复制，此时可以关闭已撤销的节点；

(6)从 include 中删除节点网络地址，然后再次运行命令：Hadoop dfsadmin -refreshNodes

(7)从 slaves 文件中删除节点。

3.2.3.4　系统升级

升级 HDFS 和 MapReduce 集群需要一个合理的操作步骤，这里我们主要讲解 HDFS 的升级。如果文件系统升级后文件格局发生了变化，那么升级时会将文件系统的数据和元数据迁移到与新版本一致的格式上。由于任何涉及数据迁移的操作都会导致数据的丢失，所以必须保证数据和元数据都有备份。在进行升级时，可以先在小型集群中进行测试，以便正式运行时可以解决所有问题。

Hadoop 对自身的兼容性要求非常高，所有 Hadoop 1.0 之前版本的兼容性要求最严格，只有来自相同发布版本的组件才能保证相互的兼容性，这就意味着整个系统从守护进程到客户端都要同时更新，还需要集群停机一段时间。后期发布的版本支持回滚升级，允许集群守护进程分阶段升级，以便在更新期间可以运行客户端。

如果文件系统的布局不改变，那么集群升级就非常简单了。首先在集群中安装新的 HDFS 和 MapReduce(同时在客户端也要安装)，然后关闭旧的守护进程，升级配置文件，启动新的守护进程和客户端更新库。这个过程是可逆的，因此升级后的版本回滚到之前版本也很简单。

每次成功升级后都要执行一系列的清除步骤：
（1）从集群上删除旧的安装和配置文件；
（2）修复代码和配置中的每个错误警告。
以上讲解的系统升级非常简单，但是如果需要升级文件系统，就需要更进一步的操作。

如果使用以上讲解方法进行升级，并且 HDFS 是一个不同的布局版本，那么 NameNode 就不会正常运行。NameNode 的日志会产生以下信息：

File system image contains an old layout version -15.
An upgrade to version -18 is required.
Please restart NameNode with -upgrade option.

要想确定是否需要升级文件系统，最好的办法就是在一个小集群上进行测试。

HDFS 升级将复制以前版本的元数据和数据。升级并不需要两倍的集群存储空间，因为 DataNode 使用硬链接来保留对同一个数据块的两个引用，这样就可以在需要的时候轻松实现回滚到以前版本的文件系统。

需要注意的是，升级后只能保留前一个版本的文件系统，而不能回滚到多个文件系统，因此执行另一个对 HDFS 的升级需要删除以前的版本，这个过程被称为确定更新（finalizing the upgrade）。一旦更新被确定，那 HDFS 就不会回滚到以前的版本了。

需要说明的是，只有可以正常运作的健康的系统才能被正确升级。在进行升级之前，必须进行一个全面的 fsck 操作。为防止意外，可以将系统中的所有文件及块的列表（fsck 的输出）进行备份。这样就可以在升级后将运行的输出与之对比，检测是否全部正确升级，有没有数据丢失。

还需要注意，在升级之前要删除临时文件，包括 HDFS 上 MapReduce 系统目录中的文件和本地临时文件。

完成以上这些工作后就可以进行集群的升级和文件系统的迁移了，具体步骤如下：
（1）确保之前的升级操作全部完成，不会影响此次升级；
（2）关闭 MapReduce，终止 TaskTracker 上的所有任务进程；
（3）关闭 HDFS 并备份 NameNode 目录；
（4）在集群和客户端上安装新版本的 Hadoop HDFS 和同步的 MapReduce；
（5）使用-upgrade 选项启动 HDFS；
（6）等待操作完成；
（7）在 HDFS 上进行健康检查了；
（8）启动 MapReduce；
（9）回滚或确定升级。

在运行升级程序时，最好能从 PATH 环境变量中删除 Hadoop 脚本，这样可以避免运行不确定版本的脚本程序。在安装目录定义两个环境变量是很方便的，在以下指令中已经定义了 OLD_HADOOP_INSTALL 和 NEW_HADOOP_INSTALL。在以上步骤（5）中我们要运行以下指令：

$ NEW_HADOOP_INSTALL/bin/start-dfs.sh -upgrade

NameNode 升级它的元数据，并将以前的版本放入新建的目录 previous 中：
$ {dfs.name.dir}/current/VERSION
                /edits
                /fsimage
                /fstime
                        /previous.VERSION
                /edits
                /fsimage
                /fstime

采用类似的方式，DataNode 升级它的存储目录，将旧的目录复制到 previous 目录中去。

升级过程需要一段时间才能完成。可以使用 dfsadmin 命令来检查升级的进度。升级的事件同样会记录在守护进程的日志文件中。在步骤(6)中执行以下命令：

$ NEW_HADOOP_INSTALL/bin/hadoop dfsamin -upgradeProgress status
Upgrade for version -18 has been completed.
Upgrade is not finalized.

以上代码表明升级已经完成。在这个阶段必须在文件系统上进行一些健康检查(即步骤7)，比如使用 fsck 进行文件和块的检查)。当进行检查(只读模式)时，可以让 HDFS 进入安全模式，以防止其他检查对文件进行更改。

步骤(9)是可选操作，如果在升级后发现问题，则可以回滚到之前版本。

首先，关闭新的守护进程：

bin/stop-dfs.sh

然后，用 -rollback 选项启动旧版本的 HDFS：

bin/start-dfs.sh -rollback

这个命令会使用 NameNode 和 DataNode 以前的副本替换它们当前存储目录下的内容，文件系统立即返回原始状态。

如果对新升级的版本感到满意，那么可以执行确定升级(即步骤9)，可选)，并删除以前的存储目录。需要注意的是在升级确定后，就不能回滚到之前的版本了。

需要执行以下步骤,才能进行另一次升级:

bin/hadoop dfsadmin -finalizeUpgrade
bin/hadoop dfsadmin -upgradeProgress status
There are no upgrades in progress

至此,HDFS 升级到了最新版本。

3.3 下一代 MapReduce：YARN

尽管 Hadoop MapReduce 在全球范围内广受欢迎,但是大部分人还是从 Hadoop MapReduce 的框架组成中意识到了 Hadoop MapReduce 框架的局限性。

(1)JobTracker 单点瓶颈。在之前的介绍中可以看到,MapReduce 中的 JobTracker 负责作业的分发、管理和调度,同时还必须和集群中所有的节点保持 Heartbeat 通信,了解机器的运行状态和资源情况。很明显,MapReduce 中独一无二的 JobTracker 负责了太多的任务,如果集群的数量和提交 Job 的数量不断增加,那么 JobTracker 的任务量也会随之快速上涨,造成 JobTracker 内存和网络带宽的快速消耗。这样的最终结果就是 JobTracker 成为集群的单点瓶颈,成为集群作业的中心点和风险的核心。

(2)TaskTracker 端,由于作业分配信息过于简单,有可能将多个资源消耗多或运行时间长的 Task 分配到同一个 Node 上,这样会造成作业的单点失败或等待时间过长。

(3)作业延迟过高。在 MapReduc 运行作业之前,需要 TaskTracker 汇报自己的资源情况和运行情况,JobTracker 根据获取的信息分配作业,TaskTracker 获取任务之后再开始运行。这样的结果是通信的延迟造成作业启动时间过长。最显著的影响是小作业并不能及时完成。

(4)编程框架不够灵活。虽然现在的 MapReduce 框架允许用户自己定义各个阶段的处理函数和对象,但是 MapReduce 框架还是限制了编程的模式及资源的分配。

针对这些问题,下面介绍 MapReduce 设计者提出的下一代 Hadoop MapReduce 框架(官方称为 MRv2/YARN,为了形成对比,本节将 YARN 称为 MapReduce V2,旧的 MapReduce 框架简称为 MapReduce V1)。

3.3.1 MapReduce V2 设计需求

Hadoop MapReduce 框架的设计者也意识到了 MapReduce V1 的缺陷,所以他们根据用户最迫切的需求设计了新一代 Hadoop MapReduce 框架。那么 MapReduce V2 需要满足用户哪些迫切需求呢?

➢ 可靠性(Reliability)。
➢ 可用性(Availability)。
➢ 扩展性(Scalability)。集群应支持扩展到 10000 个节点和 200000 个核心。
➢ 向后兼容(Backward Compatibility)。保证用户基于 MapReduce V1 编写的程序无须

修改就能运行在 MapReduce V2 上。
- 演化。使用户能够控制集群中软件的升级。
- 可预测延迟(Predictable Latency)。提高小作业的反应和处理速度。
- 集群利用率。比如 Map Task 和 Reduce Task 的资源共享等。

MapReduce V2 的设计者还提出了一些其次需要满足的需求。
- 支持除 MapReduce 编程框架外的其他框架。这样能够扩大 MapReduce V2 的适用人群。
- 支持受限和短期的服务。

3.3.2 MapReduce V2 主要思想和架构

鉴于 MapReduce V2 的设计需求和 MapReduce V1 中凸显的问题，特别是 JobTracker 单点瓶颈问题(此问题影响着 Hadoop 集群的可靠性、可用性和扩展性)，MapReduce V2 的主要设计思路是将 JobTracker 承担的两大块任务——集群资源管理和作业管理进行分离，(其中分离出来的集群资源管理由全局的资源管理器(ResourceManager)管理，分离出来的作业管理由针对每个作业的应用主体(ApplicationMaster)管理)，然后 TaskTracker 演化成节点管理器(NodeManager)。这样全局的资源管理器和局部的节点管理器就组成了数据计算框架，其中资源管理器将成为整个集群中资源最终分配者。针对作业的应用主体就成为具体的框架库，负责两个任务：与资源管理器通信获取资源，与节点服务器配合完成节点的 Task 任务。图 3.3.1 是 MapReduce V2 的结构图。

3.3.2.1 资源管理器

根据功能不同将资源管理器分成两个组件：调度器(Scheduler)和应用管理器(ApplicationManager)。调度器根据集群中容量、队列和资源等限制，将资源分配给各个正在运行的应用。虽然被称为调度器，但是它仅负责资源的分配，而不负责监控各个应用的执行情况和任务失败、应用失败或硬件失败时的重启任务。调度器根据各个应用的资源需求和集群各个节点的资源容器(Resource Container，是集群节点将自身内存、CPU、磁盘等资源封装在一起的抽象概念)进行调度。应用管理器负责接收作业，协商获取第一个资源容器用于执行应用的任务主题并为重启失败的应用主题分配容器。

3.3.2.2 节点管理器

节点管理器是每个节点的框架代理。它负责启动应用的容器，监控容器的资源使用(包括 CPU、内存、硬盘和网络带宽等)，并把这些有用信息汇报给调度器。应用对应的应用主体负责通过协商从调度器处获取资源容器，并跟踪这些容器的状态和应用执行的情况。

(1)集群每个节点上都有一个节点管理器，它主要责任：
(2)为应用启用调度器已分配给应用的容器；
(3)保证已启动的容器不会使用超过分配的资源量；
(4)为 task 构建容器环境，包括二进制可执行文件，jars 等；
(5)为所在的节点提供一个管理本地存储资源的简单服务。

应用程序可以继续使用本地存储资源，即使它没有从资源管理器处申请。比如：

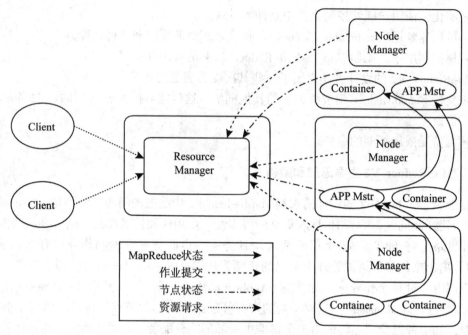

图 3.3.1 MapReduce V2 结构图

MapReduce 可以利用这个服务存储 Map Task 的中间输出结果并将其 shuffle 给 Reduce Task。

3.3.2.3 应用主体

应用主体和应用是一一对应的。它主要有以下职责：

(1) 与调度器协商资源；

(2) 与节点管理器合作，在合适的容器中运行对应的组件 task，并监控这些 task 执行；

(3) 如果 container 出现故障，应用主体会重新向调度器申请其他资源；

(4) 计算应用程序所需的资源量，并转化成调度器可识别的协议信息包；

(5) 在应用主体出现故障后，应用管理器会负责重启它，但由应用主体自己从之前保存的应用程序执行状态中恢复应用程序。

应用主体有以下组件(各个组件的功能可参考图 3.3.2)：

(1) 事件调度组件，是应用主体中各个组件的管理者，负责为其他组件生成事件。

(2) 容器分配组件，负责将 Task 的资源请求翻译成发送给调度器的应用主体的资源请求，并与资源管理器协商获取资源。

(3) 用户服务组件，将作业的状态、计数器、执行进度等信息反馈给 Hadoop MapReduce 的用户。

(4) 任务监听组件，负责接收 Map 或 Reduce Task 发送的心跳信息。

(5) 任务组件，负责接收 Map 和 Reduce Task 形成的心跳信息和状态更新信息。

(6) 容器启动组件，通过使节点管理器运行来负责容器的启动。

3.3 下一代 MapReduce：YARN

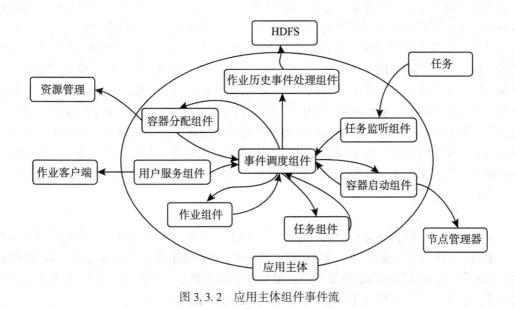

图 3.3.2　应用主体组件事件流

（7）作业历史事件处理组件，将作业运行的历史事件写入 HDFS。

（8）作业组件，维护作业和组件的状态。

3.3.2.4　资源容器

在 MapReduce V2 中，系统资源的组织形式是将节点上的可用资源分割，每一份通过封装组织成系统的一个资源单元，即 Container（比如固定大小的内存分片、CPU 核心数、网络带宽量和硬盘空间块等。在现在提出的 MapReduce V2 中，所谓资源是指内存资源，每个节点由多个 512MB 或 1GB 大小的内存容器组成）。而不像 MapReduce V1 中那样，将资源组织成 Map 池或 Reduce 池。应用主体可以申请任意多个该内存整数倍大小的容器。由于将每个节点上的内存资源分割成了大小固定、地位相同的容器，这些内存容器就可以在任务执行中进行互换，从而提高利用率，避免了在 MapReduce V1 中作业在 Reduce 池上的瓶颈问题和缺乏资源互换的问题。资源容器的主要职责就是运行、保存或传输应用主体提交的作业或需要存储和传输的数据。

3.3.3　MapReduce V2 设计细节

上面介绍了 MapReduce V2 的主体设计思想和架构及其各个部分的主要职责，下面将详细介绍 MapReduce V2 中的一些设计细节，让大家更加深入地理解 MapReduce V2。

3.3.3.1　资源协商

应用主体通过适当的资源需求描述来申请资源容器，可以包括一些指定的机器节点。应用主体还可以请求同一台机器上的多个资源容器。所有的资源请求受应用程序容量和队列容量等的限制。所以为了高效地分配集群的资源容器，应用主体需要计算应用的资源需求，并且把这些需求封装到调度器能够识别的协议信息包中，比如 <priority, (host, rack, *), memory, #containers>。以 MapReduce 为例，应用主体分析 input-splits 并将其转化成以 host 为 key 的转置表发送给资源管理器，发送的信息中还包括在其执行期间随着执行的进度应用对资源容器需求的变化。调度器解析出应用主体的请求信息之后，会尽量分配请求的资源给应用主体。如果指定机器上的资源不可用，还可以将同一机器或者不同机器上的资源分配给应用主体。在有些情况下，由于整个集群非常忙碌，应用主体获取的资源可能不是最合适的，此时它可以拒绝这些资源并请求重新分配。从上面介绍的资源协商的过程可以看出，MapReduceV2 中的资源并不再是来自 map 池和 reduce 池，而是来自统一的资源容器，这样应用主体可以申请所需数量的资源，而不会因为资源并非所需类型而挂起。需要注意的是，调度器不允许应用主体无限制地申请资源，它会根据应用限制、用户限制、队列限制和资源限制等来控制应用主体申请到的资源规模，从而保证集群资源不被浪费。

3.3.3.2 调度

调度器收集所有正在运行应用程序的资源请求并构建一个全局的资源分配计划。调度器会根据应用程序相关的约束(如合适的机器)和全局约束(如队列资源总量，队列限制，用户限制等)分配资源。调度器使用与容量调度类似的概念，采用容量保证作为基本的策略在多个竞争关系的应用程序间分配资源。调度器的调度步骤如下：

(1)选择系统中"最低服务"的队列。这个队列可以是等待时间最长的队列，或者等待时间与已分配资源之比最大的队列等。

(2)从队列中选择拥有最高优先级的作业。

(3)满足被选出的作业的资源请求。

MapReduceV2 中只有一个接口用于应用主体向调度器请求资源。接口如下：

Response allocate（List<ResourceRequest> ask，List<Container> release）

应用主体使用这个接口中的 ResourceRequest 列表请求特定的资源，同时使用接口中的 Container 列表参数告诉调度器自己释放的资源容器。

调度器接收到应用主体的请求之后会根据自己的全局计划及各种限制返回对请求的回复。回复中主要包括三类信息：最新分配的资源容器列表、在应用主体和资源管理器上次交互之后完成任务的应用指定资源容器的状态、当前集群中应用程序可用的资源数量。应用主体可以收集完成容器的信息并对失败任务做出反应。可用资源量可以为应用主体接下来的资源申请提供参考，比如应用主体可以使用这些信息来合理分配 Map 和 Reduce 各自请求的资源数量，进而防止死锁(最明显的情况是 Reduce 请求占用所有的剩余可用资源)。

3.3.3.3 资源监控

调度器定期从节点管理器处收集已分配资源的使用信息。同时，调度器还会将已完成任务容器的状态设置为可用，以便有需求的应用申请使用。

3.3.3.4 应用提交

以下是应用提交的步骤。

(1)用户提交作业到应用管理器。具体的步骤是在用户提交作业之后，MapReduce 框架为用户分配一个新的应用 ID,并将应用的定义打包上传到 HDFS 上用户的应用缓冲目录中。最后提交此应用给应用管理器。

(2)应用管理器接受应用提交。

(3)应用管理器同调度器协商获取运行应用主体所需的第一个资源容器,并执行应用主体。

(4)应用管理器将启动的应用主体细节信息发还给用户,以便其监督应用的进度。

3.3.3.5 应用管理器组件

应用管理器负责启动系统中所有应用的应用主体并管理其生命周期。在启动应用主体之后,应用管理器通过应用主体定期发送的"心跳"来监督应用主体,保证其可用性,如果应用主体失败,就需要将其重启。

为了完成上述任务,应用管理器包含以下组件:

(1)调度协商组件,负责与调度器协商应用主体所需的资源容器。

(2)应用主体容器管理组件,负责通过与节点管理器通信来启动或停止应用主体容器。

(3)应用主体监控组件,负责监控应用主体的状态,保证其可用,并且在必要的情况下重启应用主体。

3.3.3.6 MapReduceV2 作业执行流程

由于主要组件发生更改,MapReduceV2 中的作业执行流程也有所变化。作业的执行流程图如图 3.3.3 所示(仅说明主要流程,一些反馈流程和心跳通信并未标注)。

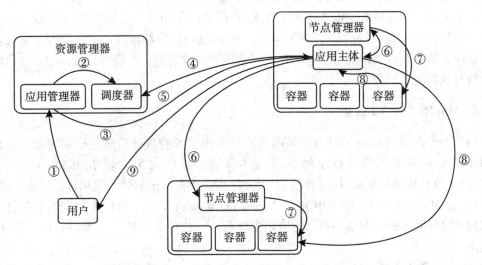

图 3.3.3 MapReduce V2 作业执行流程

步骤①:MapReduce 框架接收用户提交的作业,并为其分配一个新的应用 ID,并将应用的定义打包上传到 HDFS 上用户的应用缓冲目录中,然后提交此应用给应用管理器。

步骤②:应用管理器同调度器协商获取运行应用主体所需的第一个资源容器。

步骤③:应用管理器在获取的资源容器上执行应用主体。

步骤④：应用主体计算应用所需资源，并发送资源请求到调度器。

步骤⑤：调度器根据自身统计的可用资源状态和应用主体的资源请求，分配合适的资源容器给应用主体。

步骤⑥：应用主体与所分配容器的节点管理器通信，提交作业情况和资源使用说明。

步骤⑦：节点管理器启用容器并运行任务。

步骤⑧：应用主体监控容器上任务的执行情况。

步骤⑨：应用主体反馈作业的执行状态信息和完成状态。

3.3.3.7 MapReduce V2 系统可用性保证

系统可用性主要指 MapReduce V2 中各个组件的可用性，即保证能使其在失败之后迅速恢复并提供服务，比如保证资源管理器、应用主体等的可用性。首先介绍 MapReduce V2 如何保证 MapReduce 应用和应用主体的可用性。在之前已有介绍，资源管理器中的应用管理器负责监控 MapReduce 应用主体的执行情况。在应用主体发生失败之后，应用管理器仅重启应用主体，再由应用主体恢复某个特定的 MapReduce 作业。应用主体在恢复 MapReduce 作业时，有三种方式可供选择：完成重启 MapReduce 作业；重启未完成的 Map 和 Reduce 任务；向应用主体标明失败时正在运行的 Map 和 Reduce 任务，然后恢复作业执行。第一种方式的代价比较大，会重复工作；第二种方式效果较好，但仍有可能重复 Reduce 任务的部分工作；第三种方式最为理想，从失败点直接重新开始，没有任何重复工作，但这种方式对系统的要求过高。在 MapReduce V2 中选择了第二种恢复方式，具体实现方式是：应用管理器在监督 MapReduce 任务执行的同时记录日志，标明已完成的 Map 和 Reduce 任务；在恢复作业时，分析日志后重启未完成的任务即可。

接下来介绍 MapReduceV2 如何保证资源管理器的可用性。资源管理器在运行服务过程中，使用 ZooKeeper 保存资源管理的状态，包括应用管理器进程情况、队列定义、资源分配情况、节点管理器情况等信息。在资源管理器失败之后，由资源管理器根据自己的状态进行自我恢复。

3.3.4 MapReduce V2 优势

（1）分散了 JobTracker 的任务。资源管理任务由资源管理器负责，作业启动、运行和监测任务由分布在集群节点上的应用主体负责。这样大大减缓了 MapReduce V1 中 JobTracker 单点瓶颈和单点风险的问题，大大提高了集群的扩展性和可用性。

（2）在 MapReduce V2 中应用主体（ApplicationMaster）是一个用户可自定制的部分，因此用户可以针对编程模型编写自己的应用主体程序。这样大大扩展了 MapReduce V2 的适用范围。

（3）在资源管理器上使用 ZooKeeper 实现故障转移。当资源管理器故障时，备用资源管理器将根据保存在 ZooKeeper 中集群状态快速启动。MapReduce V2 支持应用程序指定检查点。这就能保证应用主体在失败后能迅速地根据 HDFS 上保存的状态重启。这两个措施大大提高了 MapReduce V2 的可用性。

（4）集群资源统一组织成资源容器，而不像在 MapReduce V1 中 Map 池和 Reduce 池有所差别。这样只要有任务请求资源，调度器就会将集群中的可用资源分配给请求任务，而无关资源类型。这大大提高了集群资源的利用率。

3.4 思考题

1. Hadoop 用户肯定都希望系统在存储和处理数据时，数据不会有任何丢失或损坏。但是，如果系统需要处理的数据量大到 Hadoop 能够处理的极限，数据被损坏的概率还是很高的。请你思考一下，你如何检测数据是否损坏？

2. 比较 DEFLATE，Gzip，bzip2，Zlib 这四种压缩算法的压缩率和速度，选出面对不同文件在各种要求（最佳压缩、最快速度等）下的最佳压缩工具。

3. 编写一个 MapReduce 程序，在程序中使用压缩，再比较使用压缩和未使用压缩在执行程序时间上的差异。

4. 监控是系统管理的重要内容，主守护进程是最需要监控的，主守护进程包括哪些？其中故障率最高的有哪些？

5. 度量（Metric）和计数器的差别。

第 4 章 Hadoop 实战

4.1 实战一 MapReduce 实现推荐系统

4.1.1 作业描述

推荐系统就是你打开一个帖子,看到有一个提示写着读了本帖的人,有××%读了×××帖,有××%读了××××帖。这项功能也可以推广到商品推荐,音乐推荐,下载推荐等等(该作业的输入文件是/software 下的 log.txt)。

4.1.2 作业分析

Job1:

先将每行 log 数据解析为 key:userid,value:threadid,同时判断是不是当前正在阅读的帖子(currThreadId),如果是的话就输出一条特殊的记录 key:userid,value:INEEDIT,如下所示:

Map 输出:

<2134, 1455924>
<3500, 1466253>
<3500, INEEDIT>
<3500, 1479820>
<2134, 1455924>
<3500, 1472481>
<2134, 1478790>
<2134, 1466253>
<2134, 1472481>
<2134, INEEDIT>
<2134, 1479820>
<4350, INEEDIT>
<4350, 1479820>

经过 shuffle 后可得 key:userid,value:Iterable<threaded | INEEDIT>,每行数据代表

一个用户看过的所有帖子，其中有标记 INEEDIT 的行就代表了该 userid 看过正在阅读的帖子(currThreadId)，如下所示：

Shuffle 输出：

<2134，<1455924，1455924，1478790，1466253，1472481，INEEDIT，1479820>>
<3500，<1466253，INEEDIT，1479820，1472481>>
<4350，INEEDIT，1479820>>

这样在 reduce 中把有 INEEDIT 标记的行找出来，threadid 去重，变换成 key：threaded，value：1 格式输出，如下所示：

Reduce 输出：

<1472481，1>
<1479820，1>
<1466253，1>
<1478790，1>
<1455924，1>
<1472481，1>
<1479820，1>
<1466253，1>
<1479820，1>

Job2：
由于 Job1 把问题变换成了 wordcount 问题，这里对每个 threadid 进行累加输出，代表看过当前正在阅读的帖子(currThreadId)的用户中，对其他每个帖子又有多少人看过。

Map 输出：

<1472481，1>
<1479820，1>
<1466253，1>
<1478790，1>
<1455924，1>
<1472481，1>
<1479820，1>
<1466253，1>
<1479820，1>

Shuffle 输出：

<1455924, <1>>
<1466253, <1, 1>>
<1472481, <1, 1>>
<1478790, <1>>
<1479820, <1, 1, 1>>

Reduce 输出：

<1455924, 1>
<1466253, 2>
<1472481, 2>
<1478790, 1>
<1479820, 3>

Job3：

Job2 已经把结果统计出来了，但 mapreduce 是安装 key 来按顺序排，这里实现按 value 倒序排序。

Map 输出：

<1455924 1, >
<1466253 2, >
<1472481 2, >
<1478790 1, >
<1479820 3, >

Shuffle 输出：

<1479820 3, <, >>
<1466253 2, <, >>
<1472481 2, <, >>
<1455924 1, <, >>
<1478790 1, <, >>

Reduce 输出：

<1479820 3, >
<1466253 2, >

<1472481 2, >
<1455924 1, >
<1478790 1, >

4.1.3 程序代码

CountThread.java:

```java
package com.uicc.shizhan;

import java.io.DataInput;
import java.io.DataOutput;
import java.io.IOException;

import org.apache.hadoop.io.IntWritable;
import org.apache.hadoop.io.Text;
import org.apache.hadoop.io.WritableComparable;

public class CountThread implements WritableComparable{
/**帖子id*/
Text threadId;
/***/
IntWritable cnt;


    CountThread(Text threadId, IntWritable cnt) {
        this.threadId = threadId;
        this.cnt = cnt;
    }

    CountThread() {
        this.threadId = new Text();
        this.cnt = new IntWritable();
    }

    @Override
    public void readFields(DataInput dataInput) throws IOException {
        threadId.readFields(dataInput);
```

```java
        cnt.readFields(dataInput);
    }

    @Override
    public void write(DataOutput dataOutput) throws IOException {
        threadId.write(dataOutput);
        cnt.write(dataOutput);
    }

    //按 cnt 值倒序排列
    @Override
    public int compareTo(Object object) {
        return ((CountThread)object).cnt.compareTo(cnt) == 0? threadId.compareTo((((CountThread)object).
                        threadId): ((CountThread)object).cnt.compareTo(cnt);
    }

    public boolean equals(Object object) {
        if(!(object instanceof CountThread)) {
            return false;
        }
        CountThread countThread = (CountThread)object;
        return threadId.equals(countThread.threadId)&&cnt.equals(countThread.cnt);
    }
    /**
     * 按 threadId 值来生成 hashCode，默认是按此值来分区的
     * 保证同一个 threadId 在一个 partition 中
     */
    public int hashCode() {
        return threadId.hashCode();
    }

    public String toString() {
        StringBuffer buf = new StringBuffer("");
        buf.append(threadId.toString());
        buf.append("\t");
        buf.append(cnt.toString());
        return buf.toString();
```

}

/************Getter And Setter************/

```java
public Text getThreadId() {
    return threadId;
}

public void setThreadId(Text threadId) {
    this.threadId = threadId;
}

public IntWritable getCnt() {
    return cnt;
}

public void setCnt(IntWritable cnt) {
    this.cnt = cnt;
}
}
```

Recommendation.java:

```java
package com.uicc.shizhan;
import java.io.IOException;
import java.util.HashSet;
import java.util.Set;

import org.apache.hadoop.conf.Configuration;
import org.apache.hadoop.conf.Configured;
import org.apache.hadoop.fs.Path;
import org.apache.hadoop.io.IntWritable;
import org.apache.hadoop.io.Text;
import org.apache.hadoop.mapreduce.Job;
import org.apache.hadoop.mapreduce.Mapper;
import org.apache.hadoop.mapreduce.Reducer;
import org.apache.hadoop.mapreduce.lib.input.FileInputFormat;
import org.apache.hadoop.mapreduce.lib.input.KeyValueTextInputFormat;
```

```java
import org.apache.hadoop.mapreduce.lib.jobcontrol.ControlledJob;
import org.apache.hadoop.mapreduce.lib.jobcontrol.JobControl;
import org.apache.hadoop.mapreduce.lib.output.FileOutputFormat;
import org.apache.hadoop.mapreduce.lib.output.TextOutputFormat;
import org.apache.hadoop.util.Tool;
import org.apache.hadoop.util.ToolRunner;
public class Recommendation extends Configured implements Tool{
/************Job1*********************/
public static class PostsMapper extends Mapper<Object, Text, IntWritable, Text>{
        public void map(Object key, Text value, Context context) throws IOException, InterruptedException{
                //得到帖子的id,通过在 Configuration 中设置自定义参数获得
                String currThreadId = context.getConfiguration().get("currThreadId");
                String[] tmp = value.toString().split(",");

                //如果是指定的帖子,输出该 userId,标记为 INEEDIT,代表看过该帖子的用户
                if(tmp[0].equals(currThreadId)){
                        context.write(new IntWritable(Integer.parseInt(tmp[1])), new Text("INEEDIT"));
                }
                //输出表 key:userId, value:threadId
                context.write(new IntWritable(Integer.parseInt(tmp[1])), new Text(tmp[0]));
        }
}

public static class PostsReducer extends Reducer<IntWritable, Text, Text, Text>{
        public void reduce(IntWritable key, Iterable<Text> values, Context context) throws IOException, InterruptedException{
                boolean find = false;

                // 定义一个 HashSet,用来查找所需用户,并去重
                Set<Text> set = new HashSet<Text>();


                for(Text val : values){
```

4.1 实战一 MapReduce 实现推荐系统

```
                // 判断此用户是否需要统计
                if(val.toString().equals("INEEDIT")){
                    find = true;
                }else{
                    set.add(new Text(val.toString()));
                }
            }

        if(find){
            //把 set 转换成数组
            Object o[] = set.toArray();
            for(int i=0; i<o.length; i++){
                context.write(new Text(o[i].toString()), new Text("1"));
            }
        }
    }
}


/***************Job2*********************
***********/
    public static class CountMapper extends Mapper<Text, Text, Text, Text>{
        //Map 用来读取数据并发送到 Reduce
        public void map(Text key, Text value, Context context) throws IOException, InterruptedException{
            context.write(key, value);
        }
    }
    public static class CountReducer extends Reducer<Text, Text, Text, Text>{
        //计算每个帖子看过的用户数
        public void reduce(Text key, Iterable<Text> values, Context context) throws IOException, InterruptedException{
            int count = 0;
            for(Text val : values){
                count ++;
            }
            context.write(key, new Text(String.valueOf(count)));
        }
```

```java
        }
/*************Job3****************************/
    public static class SortMapper extends Mapper<Text, Text, CountThread, Text>{
        public void map(Text key, Text value, Context context) throws IOException,
InterruptedException{
            CountThread ct = new CountThread();
            ct.setThreadId(key);
            ct.setCnt(new IntWritable(Integer.parseInt(value.toString())));
            context.write(ct, new Text());
        }
    }
    public static class SortReducer extends Reducer<CountThread, Text, CountThread, Text>{
        public void reduce(CountThread key, Iterable<Text> values, Context context) throws
IOException, InterruptedException{
            context.write(key, null);
        }
    }
/*******************run*********************
***************/
    @Override
    public int run(String[] args) throws Exception {

        String input, output1, output2, outResult, threadid;
        if(args.length == 5){
            threadid = args[0];
            input = args[1];
            output1 = args[2];
            output2 = args[3];
            outResult = args[4];
        }else{
            System.out.println("Usage: Recommendation <threadId> <input> <output1> <
output2>            <result>");
            System.out.println("Use Default Values This Time");
            threadid = "1479820";
            input = "hdfs://192.168.10.13:9000/user/root/input/log.txt";
            output1 = "hdfs://192.168.10.13:9000/user/root/output/job1";
            output2 = "hdfs://192.168.10.13:9000/user/root/output/job2";
```

```
            outResult = "hdfs://192.168.10.13:9000/user/root/output/job3";
        }

        Configuration conf1 = getConf();
        //设置自定义参数
        conf1.set("currThreadId", threadid);
        Job job1 = new Job(conf1,"Job1:Posts");
        job1.setJarByClass(Recommendation.class);
        job1.setMapperClass(PostsMapper.class);
        job1.setReducerClass(PostsReducer.class);
        job1.getConfiguration().set("mapred.textoutputformat.separator",",");
        job1.setMapOutputKeyClass(IntWritable.class);
        job1.setMapOutputValueClass(Text.class);
        job1.setOutputKeyClass(Text.class);
        job1.setOutputValueClass(Text.class);
        FileInputFormat.setInputPaths(job1, new Path(input));
        FileOutputFormat.setOutputPath(job1, new Path(output1));

        Configuration conf2 = new Configuration();
        Job job2 = new Job(conf2, "Job2:Count");
        job2.setJarByClass(Recommendation.class);
        job2.setInputFormatClass(KeyValueTextInputFormat.class);
        job2.getConfiguration().set("mapred.textoutputformat.separator",",");
    job2.getConfiguration().set("mapreduce.input.keyvaluelinerecordreader.key.value.separator",",");
        job2.setOutputFormatClass(TextOutputFormat.class);
        FileInputFormat.setInputPaths(job2, new Path(output1 + "/part*"));
        FileOutputFormat.setOutputPath(job2, new Path(output2));
        job2.setMapperClass(CountMapper.class);
        job2.setReducerClass(CountReducer.class);
        job2.setMapOutputKeyClass(Text.class);
        job2.setMapOutputValueClass(Text.class);
        job2.setOutputKeyClass(Text.class);
        job2.setOutputValueClass(Text.class);

        Configuration conf3 = new Configuration();
        Job job3 = new Job(conf3, "Job3:Result");
```

```java
        job3.setJarByClass(Recommendation.class);
        job3.setInputFormatClass(KeyValueTextInputFormat.class);
    job3.getConfiguration().set("mapreduce.input.keyvaluelinerecordreader.key.value.separator",",");
        job3.setOutputFormatClass(TextOutputFormat.class);
        FileInputFormat.setInputPaths(job3, new Path(output2 + "/part*"));
        FileOutputFormat.setOutputPath(job3, new Path(outResult));
        job3.setMapperClass(SortMapper.class);
        job3.setReducerClass(SortReducer.class);
        job3.setMapOutputKeyClass(CountThread.class);
        job3.setMapOutputValueClass(Text.class);
        job3.setOutputKeyClass(CountThread.class);
        job3.setOutputValueClass(Text.class);

        ControlledJob cJob1 = new ControlledJob(job1.getConfiguration());
        ControlledJob cJob2 = new ControlledJob(job2.getConfiguration());
        ControlledJob cJob3 = new ControlledJob(job3.getConfiguration());

        //设置作业依赖关系
        cJob2.addDependingJob(cJob1);
        cJob3.addDependingJob(cJob2);

        JobControl jobControl = new JobControl("RecommendationJob");
            jobControl.addJob(cJob1);
            jobControl.addJob(cJob2);
            jobControl.addJob(cJob3);

            cJob1.setJob(job1);
            cJob2.setJob(job2);
            cJob3.setJob(job3);

        //新建一个线程来运行已加入JobControl中的作业,开始进程等待结束
            Thread jobControlThread = new Thread(jobControl);
        jobControlThread.start();
        while(!jobControl.allFinished()){
          Thread.sleep(500);
        }
        jobControl.stop();
```

```
        return 0;
    }

    public static void main(String[] args) throws Exception{
        int res = ToolRunner.run(new Recommendation(), args);
        System.exit(res);
    }
}
```

4.1.4 准备输入数据

log.txt：
1455924,2134
1466253,3500
1479820,3500
1455924,2134
1472481,3500
1478790,2134
1466253,2134
1472481,2134
1479820,2134
1479820,4350

4.1.5 运行程序

新建一个 Java 应用运行程序，需要在 Arguments 页签填写 Recommendation 运行的主题编号、输入日志文件路径、作业 1 输出路径、作业 2 输出路径和作业 3 输出路径五个参数，需要注意的是输入、输出路径参数路径需要全路径，否则运行会报错：

➢ 主题编号：1479820
➢ 输入日志文件路径：/user/root/input/log.txt
➢ 作业 1 输出路径：/user/root/output/job1
➢ 作业 2 输出路径：/user/root/output/job2
➢ 作业 3 输出路径：/user/root/output/job3

我们在 Eclipse 中运行程序。(如何使用 Eclipse 运行 Hadoop 程序，请参见 1.3.1)

4.1.6 代码结果

Job1 结果：

第 4 章 Hadoop 实战

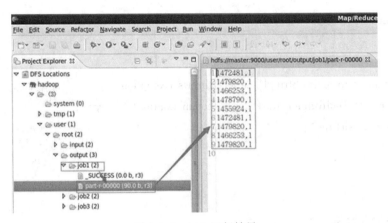

图 4.1.1　job1 运行结果

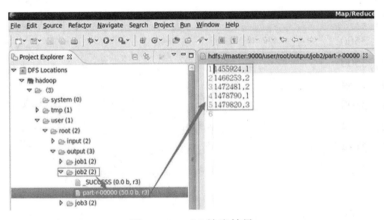

图 4.1.2　job2 输出结果

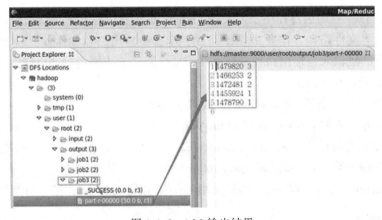

图 4.1.3　job3 输出结果

4.2 实战二 使用 MapReduce 求每年最低温度

4.2.1 作业描述

模板中的气象数据集包括了 2015 年的气象数据(该文件是/software 下的 temperature.tar.gz),写一个 MapReduce 作业,求每年的最低温度。

4.2.2 程序代码

MinTemperature.java:

```java
package com.uicc.shizhan;

import org.apache.hadoop.fs.Path;
import org.apache.hadoop.io.IntWritable;
import org.apache.hadoop.io.Text;
import org.apache.hadoop.mapreduce.Job;

import org.apache.hadoop.mapreduce.lib.input.FileInputFormat;
import org.apache.hadoop.mapreduce.lib.output.FileOutputFormat;

public class MinTemperature {
    public static void main(String[] args) throws Exception {
        if(args.length != 2) {
            System.err.println("USage: MinTemperature<input path><output path>");
            System.exit(-1);
        }

        Job job = new Job();
        job.setJarByClass(MinTemperature.class);
        job.setJobName("Min temperature");
        FileInputFormat.addInputPath(job, new Path(args[0]));
        FileOutputFormat.setOutputPath(job, new Path(args[1]));
        job.setMapperClass(MinTemperatureMapper.class);
        job.setReducerClass(MinTemperatureReducer.class);
        job.setOutputKeyClass(Text.class);
        job.setOutputValueClass(IntWritable.class);
```

```java
        System.exit(job.waitForCompletion(true) ? 0 : 1);
    }
}
```

MinTemperatureMapper.java:

```java
package com.uicc.shizhan;

import java.io.IOException;

import org.apache.hadoop.io.IntWritable;
import org.apache.hadoop.io.LongWritable;
import org.apache.hadoop.io.Text;
import org.apache.hadoop.mapreduce.Mapper;

public class MinTemperatureMapper extends Mapper<LongWritable, Text, Text, IntWritable>{
    private static final int MISSING = 9999;

    public void map(LongWritable key, Text value, Context context)
            throws IOException, InterruptedException{
        String line = value.toString();  //按行读取数据
        String year = line.substring(15, 19);  //获取年份

        int airTemperature;  //温度
        if(line.charAt(87) == '+'){
            airTemperature = Integer.parseInt(line.substring(88, 92));
        }else{
            airTemperature = Integer.parseInt(line.substring(87, 92));
        }

        String quality = line.substring(92, 93);

        if(airTemperature != MISSING && quality.matches("[01459]")){
            context.write(new Text(year), new IntWritable(airTemperature));
        }
```

            }
        }

MinTemperatureReducer.java：

```java
package com.uicc.shizhan;

import java.io.IOException;

import org.apache.hadoop.io.IntWritable;
import org.apache.hadoop.io.Text;
import org.apache.hadoop.mapreduce.Reducer;

public class MinTemperatureReducer extends Reducer<Text, IntWritable, Text, IntWritable>{
    public void reduce(Text key, Iterable<IntWritable> values, Context context)
        throws IOException, InterruptedException{
        int minValue = Integer.MAX_VALUE;
        for(IntWritable value : values){
            minValue = Math.min(minValue, value.get());
        }
        context.write(key, new IntWritable(minValue));
    }
}
```

4.2.3 准备输入数据

解压气象数据集，命令如下：

```
cd /software
tar -zxvf temperature.tar.gz
```

使用 zcat 命令把这些数据文件解压并合并到一个 sample.txt，命令如下：

```
cd temperature
zcat *.gz > /software/sample.txt
```

4.2.4 运行程序

我们在 Eclipse 中运行程序。(如何使用 Eclipse 运行 Hadoop 程序,请参见 1.3.1)

4.2.5 代码结果

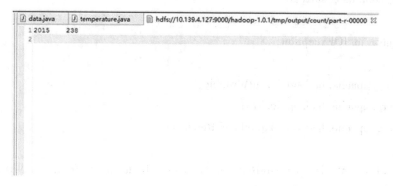

图 4.1.4 代码运行结果

参 考 文 献

1. 范东来. Hadoop 海量数据处理技术详解与项目实战[M]. 北京：人民邮电出版社，2015
2. Tom White，华东师范大学数据科学与工程学院译. Hadoop 权威指南(第 3 版)[M]. 北京：清华大学出版社，2015
3. 陆嘉恒. Hadoop 实战(第 2 版)[M]. 北京：机械工业出版社，2012
4. 孙玉琴. Java 网络编程精解[M]. 北京：电子工业出版社，2007
5. 董西成. Hadoop 技术内幕：深入解析 MapReduce 架构设计与实现原理[M]. 北京：机械工业出版社，2013
6. 文艾，王磊. 高可用性的 HDFS—Hadoop 分布式文件系统深度实践[M]. 北京：清华大学出版社，2012
7. Hadoop 官方网站：http：//hadoop.apache.org/，2017
8. 张喆，陈霄. Apache Hadoop 十周岁. 展望前方，2016
9. 周品，Hadoop 云计算实战[M]. 北京：清华大学出版社，2012
10. 刘豪. 基于 Hadoop 集群的海量数据计算和存储技术研究[D]. 武汉理工大学，2013
11. 刘军. Hadoop 大数据处理[M]. 北京：人民邮电出版社，2013